TRAITÉ DE LA TAILLE

DES

GRANDS ARBRES

D'AGRÉMENT

Suivi de celle

DE L'AMANDIER, DU NOYER & DU CHATAIGNIER

PAR

JOSEPH GAUTIER

PARIS

A LA LIBRAIRIE DU PETIT JOURNAL

21, BOULEVARD MONTMARTRE, 21

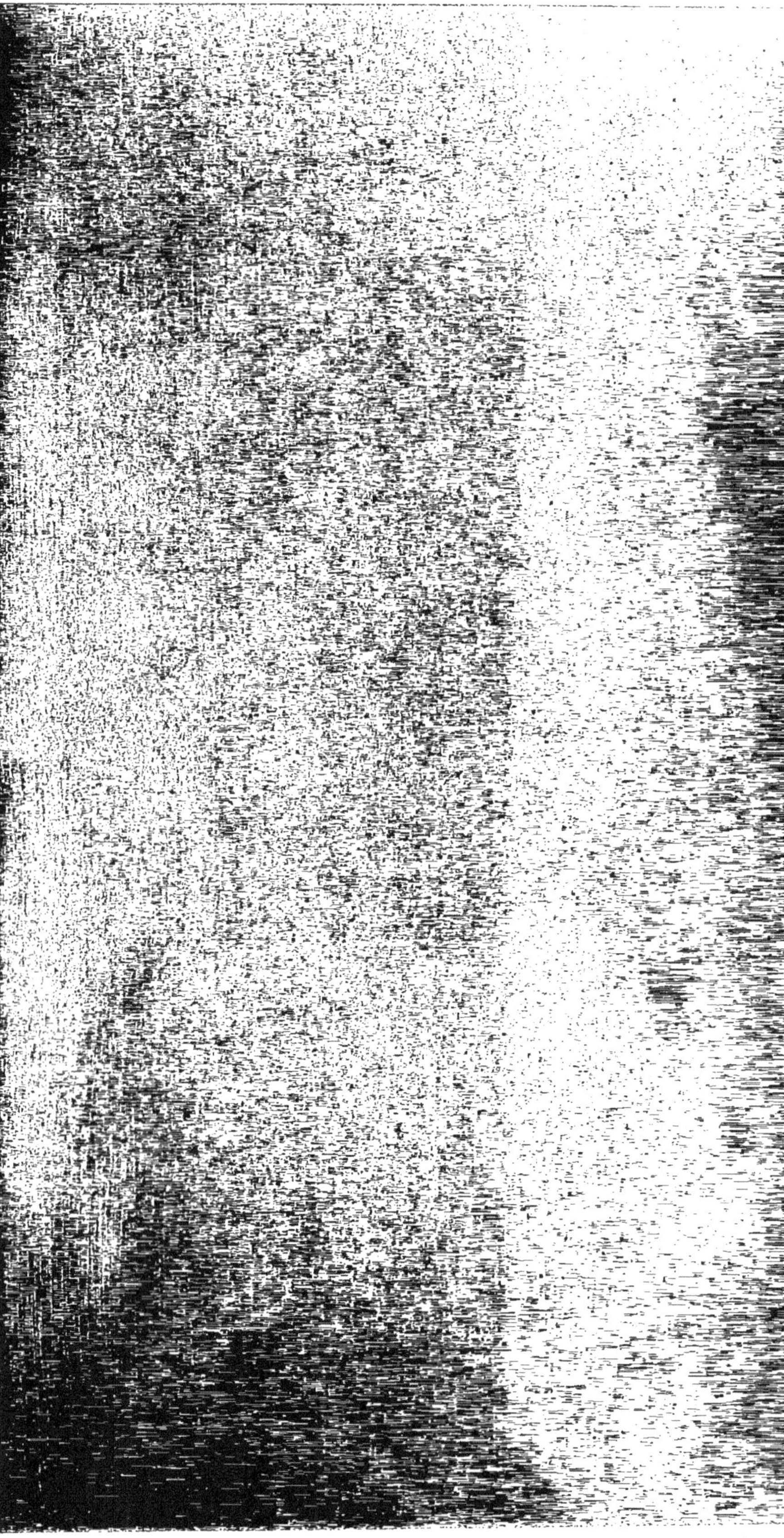

TRAITÉ DE LA TAILLE

DES

GRANDS ARBRES

D'AGRÉMENT

PARIS.—TYP. ALCAN-LÉVY, BOUL. DE CLICHY, 62.

TRAITÉ DE LA TAILLE

DES

GRANDS ARBRES

D'AGRÉMENT

Suivi de celle

DE L'AMANDIER, DU NOYER & DU CHATAIGNIER

PAR

JOSEPH GAUTIER

PARIS

A LA LIBRAIRIE DU PETIT JOURNAL

21, BOULEVARD MONTMARTRE, 21

TRAITÉ

DE LA

TAILLE DES GRANDS ARBRES

D'AGRÉMENT

PROPRES AUX GRANDES PLANTATIONS, EN BORDURE LE LONG DES
CHEMINS, SUR LES BORDS DES CHAMPS, SUR LES PLACES
PUBLIQUES, POUR ALLÉES D'AVENUES, SALLES D'OMBRAGE,
SITES PITTORESQUES, MASSIFS ET PAYSAGES.

INTRODUCTION

La grande famille des arbres d'agrément, propres aux
plantations publiques et particulières, est trop nécessaire
sous le rapport de la salubrité et de la santé, pour la laisser plus longtemps végéter misérablement dans l'oubli
ou l'indifférence.

Dans toutes les villes, villages, bourgs et hameaux, il y
a des administrations qui régissent les affaires commu-
nales. Les arbres que nous citons sont sous leur protec-
tion et reçoivent généralement les soins assidus et cons-
tants qui devraient les faire prospérer et les conserver sains
et vigoureux le plus longtemps possible.

Sous ce rapport, nous venons dans l'intérêt général signaler des faits notoires qui sont de nature à ne plus
rester dans l'obscurité ; il est positif que tous les grands
arbres, à part le peuplier, sont soumis à l'opération de la
taille, et que cette opération importante est confiée la

plupart du temps à un cultivateur routinier et ignorant que dans certaines communes on appelle *Bayle*.

Eh bien, nous pouvons certifier que, malgré les bonnes intentions de l'autorité, malgré les soins empressés qu'elle porte à ces intéressantes plantations, les arbres publics sont presque toujours mutilés et impitoyablement massacrés par une taille faite sans principes et sans la moindre notion de la physiologie végétale, et sans que personne puisse venir à leur secours, faute de l'instruction spéciale nécessaire.

Depuis longues années, nous observons et nous suivons attentivement les procédés erronés et meurtriers exercés sans ménagements sur nos plantations, par cette classe d'hommes ignares, qui ne courent qu'après la déclinaison du soleil et leur salaire. Il est positif qu'il n'existe pas un seul arbre gouverné d'après les règles de l'art ; tout le monde peut, avec la plus légère observation, se convaincre de cette vérité ; d'abord, dans la jeunesse de l'arbre, une grande multitude de branches confondues ensemble sans ordre ni régularité, se suffoquant et se nuisant entre elles, forment sa tête. L'arbre grandit dans cette pénible position et les défectuosités grandissent avec lui, et pendant son âge mur la confusion et la désorganisation sont à leur comble ; alors, le cultivateur ne pouvant plus différer, le retranchement des fortes branches commence d'avoir lieu, et sous peu d'années on ne voit plus que coupures impropres et chicots ou onglés dans toutes les parties de l'arbre, d'où la sève découle abondamment pendant la belle saison. Cette perte ralentit le développement du sujet et abrège son existence ; dans cette situation fâcheuse, la vieillesse prématurée arrive, et l'arbre informe, maladif, ne fait plus que vivoter misérablement, et finit sa carrière bien avant l'époque que la nature lui avait prescrite. Ainsi, pour conserver l'arbre dans un état de vigueur et de luxuriante végétation, et pour

le garantir d'une ruine totale, **on ne** doit jamais laisser
subsister sur l'arbre en organisation, des branches inutiles, qui n'ont point d'issues ni d'avenir, attendu qu'elles
ne servent qu'à absorber une quantité de sève précieuse,
au détriment des bonnes branches propres à former l'organisation régulière de la tête de l'arbre.

Je faisais un jour des observations à ce sujet à un ma-
gistrat, sur la confusion du grand nombre de branches
horizontales que son tailleur d'arbres laissait subsister
autour de la circonférence des jeunes sujets appartenant
à la commune, qu'il faisait tailler dans ce moment; il me
répondit : nous les conservons ainsi, ces branches, pour
avoir plus d'ombre en été. Quand on ne connaît pas, lui ré-
pondis-je, l'art que l'on professe, on tombe toujours dans
le ridicule. Il est bien fâcheux que l'organisation et la
taille de ces jeunes arbres si précieux soit toujours confiée
aveuglément à des gens qui ne la comprennent pas du
tout : car, raisonnablement parlant, on doit toujours, dans
l'intérêt de la plantation, obtenir l'arbre organisé d'après
les principes que nous soumettrons plus loin, de préférence à l'ombre ; c'est pourquoi, aux époques de la taille,
on doit supprimer toutes les branches mal placées, superflues et parasites, pour ne laisser subsister absolument
que celles qui sont indispensables à la formation de la
charpente de l'arbre en construction et des étages latéraux autour de la circonférence du jeune sujet; de cette
manière, il ne nourrit jamais en pure perte des branches
inutiles, qu'on est toujours obligé de supprimer par la
suite, en faisant subir à l'arbre des démembrements très-
onéreux à sa constitution et à son développement progressif.

Il est positif que les terres fertiles, substantielles, les
cultures, les fumures, les arrosements, le climat, l'exposition et la localité, sont des conditions très favorables à
l'accroissement immédiat des arbres et même pour leur

conservation plus ou moins longue ; mais, ce qui est encore plus indispensable et d'une nécessité plus absolue à leur conservation plus ou moins longue, c'est l'organisation plus ou moins régulière de leur tête qui prolonge ou abrège leur existence. Quand l'arbre est conduit et organisé par une main habile et d'après nos principes, et qu'il ne reçoit jamais de fortes amputations, il pousse sa carrière, sain et vigoureux, jusqu'à sa dernière limite. Mais quand son organisation est vicieuse, sans principes d'ordre et de stabilité parfaite, et que cette mauvaise organisation vous entraîne toujours au retranchement des branches, en ouvrant de nouvelles plaies, qu'on n'a pas même le soin de recouvrir avec de l'*onguent de Saint-Fiacre* ou du mastic à greffer, pour les préserver de la carie ; eh bien, malgré toutes les conditions favorables que nous avons citées, l'arbre ne fait que vivoter péniblement et succombe au milieu de sa carrière, sous le fer meurtrier du cultivateur routinier et ignorant.

NOMENCLATURE DES ARBRES

PROPRES

AUX PLANTATIONS D'AGRÉMENT

On connaît aujourd'hui une quantité de grands arbres d'agrément, de variétés différentes, propres aux grandes plantations de ce genre ; mais, comme dans le nombre de ces variétés toutes ne sont pas également recommandables au même degré, nous en désignerons ici quelques-unes seulement de chaque espèce, et nous placerons à la suite de chacune d'elles quelques indications utiles à leur culture et à leur prospérité.

PLATANE

1. Platane d'Occident.	Platanus occidentalis.	
2. » d'Orient.	» orientalis.	
3. » à très larges feuilles.	» macrophylla.	
4. » à rameaux pendants.	» pendula.	

Le n° 1, est l'espèce que l'on emploie le plus généralement pour avenue et salle d'ombrage ;

Le n° 2 est aussi propre à ce genre de plantation, mais sa végétation est moins active.

Ce grand, robuste et bel arbre, auquel le climat du

Midi est très favorable pour son développement et qui nécessite le climat de la vigne, mérite d'être préféré à toutes
les autres essences, soit pour allée d'avenue, soit pour
salle d'ombrage, soit enfin pour l'ornement des promenades publiques. Ses branches étant toujours disposées à
prendre naturellement une direction verticale, on peut
donner facilement à l'arbre la forme qu'on désire lui faire
prendre. Ses racines étant plutôt pivotantes que tranchantes, le platane, malgré ses grandes feuilles qui puri-
fient l'air en répandant une odeur odoriférante et un
ombrage très salutaire, résiste avec force et facilité aux
furies des vents, et prend sous peu d'années un développement prodigieux ; lui, spécialement, supporte aisé-
ment la transplantation, et nous en avons vu replanter
avec un succès remarquable, dont le tronc dépassait en
grosseur 0 m. 50 c. de diamètre. On peut donc le transplanter à tout âge, sans inconvénient, mais dans un terrain
au moins de même condition, et non inférieur à celui
dans lequel l'arbre avait fait sa première croissance. Différemment, il se trouverait mal placé, et on doit avoir
soin, en le déplantant, de lui laisser autant de racines que
l'on peut, saines et vigoureuses ; et, en le replantant, il faut
que le collet des racines ne soit pas placé plus profondément sous le sol qu'il ne l'était dans le terrain où il
était planté.

Cet arbre vigoureux, dont le bois est robuste comme
celui du hêtre, n'est sujet à aucune maladie ; les insectes
le respectent et il pousse sa carrière au delà de six cents
ans, quand on lui prodigue les soins qu'il réclame. Il
aime les plaines et exige un terrain profond, substantiel,
un peu humide et d'un accès facile à être sillonné sans
obstacle par ses nombreuses racines. Quand le platane est
ainsi placé, qu'on ne l'abandonne pas, principalement
pendant son jeune âge, à ses seules ressources ; mais qu'au
contraire, des soins particuliers lui soient prodigués, ses

progrès seront alors rapides et il atteindra |bientôt des
dimensions gigantesques ; mais, quand il est placé dans
un sol de médiocre condition et non irrigable, l'arbre a
besoin pour prospérer de soins très assidus ; au reste,
ses feuilles servent de thermomètre à celui qui en a soin et
signalent sa position plus ou moins avantageuse. Quand elles
perdent leur verdure naturelle et qu'elles commencent à
jaunir en pleine végétation, l'arbre se trouve alors dans un
état de stagnation complète ; c'est le moment d'agir à son
égard, soit par des cultures, soit par des fumures, soit
enfin par des arrosements sans excès dont il sera question tout à l'heure.

Ainsi, celui qui plante doit comprendre que, quand le
terrain n'est pas généreux, qu'il se trouve, en le fouillant,
une trop grande partie d'argile, de craie, de silice, de
glaise, de marne, de tuff, de sable ou de gravier sec et
pur, toutes ces différentes natures de terre sont très nuisibles à beaucoup de plantations, et principalement au
platane, et qu'il convient de les extraire, au moins celles
qui se trouvent dans l'intérieur des trous que l'on creuse
alors d'une plus grande dimension, en ayant soin de les
remplacer par des terres neuves, franches, arables et fertiles ; différemment on perd son temps et son argent.

Il est positif que le platane a besoin, pendant son enfance, de soins plus particuliers que les autres arbres pour
le faire prospérer. Nous avons observé maintes fois que,
pendant les premières années de la plantation et à la suite
d'une taille d'hiver trop allongée, toujours par l'incurie
du cultivateur, des défectuosités très graves se font remarquer pendant la végétation du sujet. Une quantité de
jeunes bourgeons, plus ou moins longs, couverts de
grandes feuilles sur toute leur longueur, poussent avec
vigueur au sommet des jeunes et faibles branches qui
forment la couronne du platane, sous le poids desquels
les jeunes branches s'arquent et s'affaissent vers la terre,

avec des proportions dénaturées, en partie ou en totalité. Quand l'arbre se trouve être dans une pareille position, il ne faut pas attendre que les branches perdent leur équilibre naturel, il faut venir à leur secours, soit par le moyen d'un cerceau en bois, qu'on place dans leur intérieur d'une grandeur convenable, contre lequel on les attache avec précaution, de manière à ne pas endommager leur écorce, et on surveille plus tard les ligatures dans la crainte d'une strangulation qui deviendrait très préjudiciable au développement de l'arbre. Enfin, par le moyen de l'ébourgeonnage, du pincement et de la taille en vert, en ravalant les bourgeons herbacés qui s'emportent et que l'on veut conserver pour la continuation des branches charpentières, les branches arquées se redressent et prennent peu à peu leur position naturelle, qui est la ligne verticale, sur laquelle nous donnerons plus loin des détails très circonstanciés et invariables à ce sujet.

Nous croyons utile de signaler en outre un avantage d'une grande ressource pour les propriétaires qui possèdent des plantations d'un arbre si précieux, dont le bois est très recherché pour la charronnerie. Ainsi, celui qui se trouverait en retard dans ses affaires domestiques peut, en pareille occasion, faire une coupe de ses bois, en ravalant généralement les branches de ses platanes jusque près du tronc, attendu que cet arbre a la bonne qualité de ne redouter aucune amputation. On recueille ainsi, par ce moyen, que nous avons vu maintes fois pratiquer, une grande quantité de bois que l'on trouve toujours à vendre avec avantage aux charrons et à des prix lucratifs. On paye de cette manière ce que l'on doit, on se met sur son courant, on se tire de la misère, sans que ces arbres, ainsi ravalés, en reçoivent la moindre dépréciation, car il repousse immédiatement de nouvelles branches avec une grande force de végétation et cet arbre reprend promptement ce qu'on lui avait supprimé, et, sous peu d'années, la plantation se trouve être de nouveau en très bon rapport ; elle demande seulement dans son début des soins assidus pour organiser convenablement les branches charpentières formant le premier ordre, celles du deuxième et troisième ordre, d'après nos principes que nous démontrerons plus loin ; mais ici, comme les arbres sont fortement enracinés, leur taille d'organisation devra se faire plus allongée qu'à l'ordinaire, en suivant pour règle la force et la vigueur de la végétation de l'arbre. Comme cet arbre poussera maintenant, pendant ses premières années, avec véhémence de nombreux rameaux dans toutes ses parties. l'ébourgeonnage et la taille en vert, qui ont lieu pendant la belle saison, seront indispensables à la formation du sujet amputé et à l'accélération de son organisation immédiate.

ORMES

1.	Orme à feuilles crépues.	Ulmus	crispa.
2.	» » larges.	»	latifolia (fort pour avenue).
3.	» rouge.	»	rubra.
4.	» champêtre.	»	campestris *id.*
5.	» d'Amérique.	»	Americana.
6.	» jaunâtre.	»	fulva.
7.	» pyramidal.	»	fustigiata.

C'est ordinairement le nº 2 que l'on plante de préférence pour allées d'avenue, salles d'ombrage, etc... malgré que les autres variétés soient également propres à cet usage.

Après le platane; l'orme est un des grands arbres les plus recommandables comme arbre d'agrément ; il est depuis des siècles, par les qualités qu'il réunit, un des plus recherchés et des plus appréciés pour orner les places et les promenades publiques. — Ce n'est que depuis François 1er qu'on le multiplie. — Son bois est aussi très estimé pour la généralité des ouvrages de charronnerie ; sa contitution est forte et robuste ; il vit plusieurs siècles, et prend pendant sa longue carrière des dimensions colossales, et bien que ses racines soient plutôt tranchantes que pivôtantes, il résiste avec force aux furies des vents et se soumet avec complaisance à la forme qu'on veut lui donner par la taille pendant sa jeunesse ; mais plus tard les fortes amputations le contrarient, nuisent à sa constitution et à son développement. Cet arbre réussit parfaitement dans les terrains profonds, substantiels, frais et à sous-sol perméable, qui ne renferment jamais une trop grande humidité ; qui ne sont enfin ni trop secs, ni trop humides. Les terres arides, sableuses, trop légères, trop perméables et sans humidité ne lui conviennent pas plus que celles qui renferment une trop grande quantité d'argile, de tuff, de marne, de silice, de crouette et de grès, dont le sol est impénétrable aux racines et aux eaux pluviales, puisqu'on le voit parfois, pendant les fortes pluies d'hiver, surnager sur la superficie du terrain. Quand l'orme se trouve placé dans un sol si ingrat, son existence se trouve grandement compromise ; cependant on pourrait le risquer dans un terrain fort et compacte, malgré que les eaux pluviales ne puissent le pénétrer et s'écouler que très lentement ; mais alors il convient d'effondrer le terrain de '0^m,80 centimètres au moins de profondeur et mettre au fond des fosses un lit bien conditionné de pierres-moellons pour que les racines qui tendent à descendre perpendiculairement ne puissent le pénétrer, et les obliger par ce moyen à s'étendre horizontalement, et pour faciliter également l'écoulement des eaux intérieures et les garantir du mauvais effet d'une humidité trop prolongée qui nuirait au fonctionnement régulier de la sève et au développement de l'arbre.

Ordinairement on place l'orme comme la généralité des arbres d'agrément en ligne sur les bords des chemins,

places publiques et autres lieux, dont le sol est presque
toujours durci comme un béton par un piétinement continuel et éternel ; nécessairement les racines de ces arbres
se trouvent dans une position très fâcheuse ; elles sont
privées à la fois des influences atmosphériques, des eaux
pluviales, des rayons solaires, des cultures et des fumures,
se trouvent ainsi garrottées et privées de tout secours, ne
peuvent que très difficilement fonctionner et fournir à
l'arbre qu'une sève altérée ; l'individu souffre de toutes ces
privations, les maladies s'en emparent, les insectes viennent ordinairement par milliers se nourrir de la sève
viciée des arbres malades et inévitablement, petit à petit,
la destruction du sujet s'en suit, si l'on ne vient pas à son
secours.

Ainsi donc, avis à tous ceux qui sont chargés de la direction des grands arbres d'agrément ; leur végétation plus
ou moins vigoureuse doit leur servir de boussole, de règle ;
quand elle est rachitique, rabougrie, quand les feuilles en
pleine végétation jaunissent et tombent à terre avant l'é-
poque ordinaire de leur chute, qu'une partie des rameaux
se sèchent et meurent, tout cela est un symptôme de
grave maladie ; on doit alors intervenir auprès de l'arbre
malade, si on veut le conserver, par les moyens répara-
teurs suivants : on doit d'abord le nettoyer de tous ses bois
malades ou morts et en même temps le tailler d'une manière convenable pour obtenir de nouvelles pousses favorables à son organisation ; faire ensuite au moins trois
arrosements pendant la belle saison en y ajoutant, si on
le juge nécessaire, un peu d'engrais. Ces arrosements
doivent être faits sans prodigalité, mais de manière à ce
que l'eau puisse pénétrer facilement jusqu'aux racines,
au moyen de légères circonvallations en contre-bas au
pied des arbres ou en relief avec du sable qu'on charrie
pour retenir les eaux ; cette dernière manière d'agir les
préserve mieux de la secousse des vents ; quand ces sim-

ples opérations ne produisent pas l'effet que l'on attendait, il serait urgent alors, l'année suivante, de redoubler d'activité, d'enlever dans le courant de novembre ou pendant l'hiver la terre épuisée qui couvre les racines et la remplacer par une terre neuve, fertile, mêlée d'engrais consommé, en continuant pendant la belle saison les arrosements et les cultures, quand c'est possible, pour conserver plus longtemps la fraîcheur intérieure, donner cours aux agents de la végétation et détruire les mauvaises herbes s'il en existe ; cette manière de traiter les arbres malades et épuisés produit toujours un effet merveilleux et ils reprennent progressivement de la vigueur et de la prospérité, et, en outre, ils sont moins sujets à être attaqués par les insectes que quand leur constitution est altérée.

Nous croyons utile de faire observer que l'orme principalement a l'inconvénient d'être parfois et dans certaines circonstances attaqué et envahi par diverses espèces d'insectes qui viennent le ravager et quelquefois le faire périr complètement.

En 1852, l'oïdium envahissait non-seulement la vigne avec fureur, mais presque généralement toutes les autres plantes et l'orme ne fut pas respecté de ce fléau redoutable, puisque son feuillage fut en grande partie grésillé par le mal en pleine végétation et il en est résulté, chose remarquable, que les allées d'ormes qui bordent le tour du cours de notre petite ville et généralement tous ceux que nous avons vus en parcourant la campagne, furent envahis par une espèce de mouches qu'on nomme *Scolyse*, qui s'attachèrent à l'écorce des ormes malades, s'introduisirent insensiblement jusqu'au liber ; là, elles déposèrent leurs œufs, et, sous peu de jours, il sortit de ces œufs une nouvelle et innombrable génération de chenilles qui se répandaient aussitôt par milliers sur toutes les parties de l'arbre pour s'y nourrir de sa sève viciée et de son feuil-

lage ; quand elles furent repues et poursuivies par les
oiseaux qui s'en nourrissaient, alors, comme presque
toutes les chenilles ont un fil dont la matière est une substance gluante, se sentant en danger, elles attachèrent à
l'arbre cette gomme et tombèrent en la laissant filer par
plusieurs trous, d'où se formèrent autant de fils qu'elles eu-
rent soin de rapprocher avec leurs pattes pour n'en former
qu'un seul capable de les soutenir jusqu'à terre, et cela
est tellement ainsi que le sol en fut généralement couvert.
Les feuilles dévorées en partie ou en totalité furent em-
portées par le vent bien avant l'époque ordinaire de leur
chute, et nous fûmes ainsi, cette année-là, privés de leur
ombrage pendant les fortes chaleurs de l'été, et les arbres
ainsi dépouillés se trouvèrent dans un état d'interdiction
et de misère très préjudiciable à leur constitution et à leur
prospérité. Heureusement que, sans autre secours qu'une
rigole d'irrigation de notre canal qui passe pendant l'été
à la base de leurs troncs, cette substance aqueuse, que les
racines ne manquent pas d'absorber, surtout pendant les
fortes chaleurs de l'été, fut suffisante pour ranimer ces
arbres malades ; l'année suivante, ils furent débarrassés
de cette incommode vermine, leur végétation eut lieu
comme à l'ordinaire et ils reprirent par conséquent leur
état normal. Il est évident que si cette épidémie avait
continué sans venir à leur secours par ce moyen d'irrigation, l'existence des arbres affectés aurait été grandement
compromise ; mais heureusement elle disparut comme elle
était venue, par le seul moyen des arrosements fréquents
pendant la belle saison ; cela suffit pour les délivrer sains
et saufs de cette maladie, ainsi que des insectes qui les
dévoraient et les auraient infailliblement conduits à une
ruine complète.

Nous avons remarqué, en outre, qu'un autre insecte
plus dangereux encore que le *scolyte* vient attaquer l'orme
dans certaines circonstances et le fait périr radicalement

par sa dent meurtrière, si on n'y porte remède immédiatement pour arrêter le mal dès le principe; c'est le ver
blanc du hanneton principalement et autres larves de sca-
rabées qui déclarent une guerre destructive de préférence
aux arbres affectés d'altérations vicieuses, dont la sève
n'a ni assez de force, ni assez d'abondance pour satisfaire
à ses besoins; mais ces cas sont rares, quand l'arbre fonctionne régulièrement et qu'il jouit d'une prospérité satis-
faisante et parfaite. Alors ordinairement il est respecté
par les insectes.

Voici ce que nous avons observé fréquemment sur des
arbres dont la constitution se trouvait altérée depuis de
longues années, et toujours à la suite d'une mauvaise direction de la part de ceux qui sont chargés de les conduire
en bons pères de famille et dont la plupart se figurent
qu'une fois l'arbre planté tant bien que mal, il n'y a plus
rien à faire, à l'exception seulement du retranchement de
quelques branches mal placées ou malades que l'on coupe
machinalement de loin en loin. Une rangée d'ormes, appartenant à un négociant de notre ville, qui bordaient un
chemin, furent envahis progressivement tous de la même
manière par le ver blanc, et en moins de trois ans la file
d'ormes fut entièrement morte et enlevée de place au
grand regret du propriétaire, qui se figurait que c'était la
contagion des racines du premier mort qui communi-
quait son mal aux autres ormeaux. C'était réellement la
contagion qui occasionnait la mort de ces arbres, mais la
contagion des insectes qui les envahissaient les uns après
les autres et progressivement. Voilà ce que le propriétaire ne comprenait pas.

Voici de quelle manière ce désastre avait lieu et se
propageait : depuis six jusqu'à dix larves, et quelquefois
plus, pénétraient à la fois sous la première écorce, près
du collet des racines, et à quelques centimètres sous le
col, et bientôt le tronc de l'arbre se trouvait cerné par des

circonvolutions dans l'aubier et le liber, que les insectes dévoraient en s'en nourrissant, ainsi que de la sève viciée de l'arbre malade; il en résulte toujours que, dès l'instant que les communications intérieures sont interrompues complètement et que l'ascension de la sève des racines ne peut plus avoir lieu comme précédemment pour substanter la partie supérieure du sujet, c'est de ce moment que l'arbre se flétrit et meurt. Nous en avons vu périr aussi plusieurs autres de la même maladie, soit sur nos places publiques, soit de ceux qui bordent notre cour; mais les larves étaient en plus grand nombre au pied des arbres et les ravages furent plus radicaux, et ce n'est qu'en arrachant les arbres atteints par les insectes, quand ils sont morts, qu'on reconnaît le mal, et la présence des larves le confirme; mais alors il n'y a plus de remède à employer que la hache du bûcheron.

Quand l'arbre se trouve être dans un état d'altération remarquable et d'épuisement continuel, et que sa végétation s'affaiblit chaque jour faute d'aliments et de soins, il est alors recherché de préférence par l'insecte qui s'y loge et y exerce ses ravages. On doit alors le surveiller, et du moment que l'on remarque la trace de l'animal destructeur, on procède de la manière suivante pour arrêter le mal à sa naissance :

On fouille en enlevant de 20 à 30 centimètres de terre autour du tronc de l'arbre et on remarque une quantité de petits trous dans l'écorce qui servent à la respiration de l'animal et à la sortie de ses excréments et des débris du bois. On sonde dans chaque trou avec un fil de fer appointé jusqu'à ce que l'insecte soit atteint, et, pour se convaincre si l'opération a réussi, on n'a qu'à retirer le fil de fer, et quand l'extrémité se trouve humide, c'est une preuve que l'animal a été atteint et qu'il n'existe plus; on enlève alors avec un outil tranchant toutes les parties de l'écorce altérée, gâtée, et on bouche avec du ciment romain, qu'on détrempe à consistance de mortier, tous les stigmates qui servent, comme nous le disions, à leur respiration, et la larve s'asphyxie subitement. Après cette opération, on comble le trou que l'on a fait autour de l'arbre, avec une terre nouvelle, et on transporte la vieille bien loin.

Les larves ne se bornent pas toujours à attaquer l'arbre par le tronc; elles viennent se loger quelquefois dans une partie de ses branches. Quand les feuilles commencent à se flétrir sur quelques branches, c'est une preuve de l'existence de l'animal. On emploie alors pour le détruire le même moyen que nous venons d'indiquer. Sans ces précautions, l'arbre en entier serait bientôt envahi par les larves et subirait le même sort que ceux que nous signalons ci-dessus, Ces moyens curatifs, quoique simples, doivent être employés pour conserver tous les arbres atteints par les vers, mais dès le début, quelles que soient leur espèce et leur qualité, et on les préservera ainsi le plus souvent d'une mort certaine.

MARRONNIER D'INDE

1.	Marronnier d'Inde.		Æsculus	hypocastanea	(fort p. avenue).
2.	»	à fleur double.	»	flore plena.	
3.	»	sanguin.	»	sanguinea.	
4.	»	rubicond à fleur rouge.	»	rubiconda.	
5.	»	à feuille panachée.	»	foliis variegatis.	
6.	»	à feuille lucinée.	»	foliis laciniatis.	

Le n° 1 est un très bel arbre; il prend des dimensions très considérables. Sous ce rapport, il mérite d'être placé au premier rang pour allée d'avenue et salle d'ombrage.

Les variétés suivantes sont aussi de beaux arbres, mais d'une moindre élévation. Les n°s 3 et 4 sont aussi recommandables vu leurs larges et nombreuses pédicules de fleurs rouges produisant un brillant effet.

Le marronnier est un des plus beaux arbres que l'on puisse voir dans nos contrées; il orne beaucoup et produit un très bel effet pour salle d'ombrage, avenue et autres lieux, par son beau vert, ses grandes grappes, et par sa belle tête, surtout quand elle est dirigée et organisée, dès son début, par une main habile; mais il a besoin, comme le plus grand nombre des autres arbres, d'un sol favorable à sa prospérité; il demande une terre généreuse, franche, profonde et humide sans excès. Lorsqu'il est ainsi placé, il vient promptement. Le voisinage des eaux et les vapeurs aqueuses lui sont favorables; mais les mauvaises terres, l'air sec et les chaleurs brûlantes lui sont nuisibles.

Néanmoins, bien que le marronnier soit un grand arbre dont la beauté et la verdure sont incontestables, il présente quelque inconvénient. D'abord, des milliers de chenilles le rongent et le dépouillent de ses feuilles, très souvent pendant la belle saison, et nous privent ainsi de son magnifique ombrage. Ensuite il est regrettable que son fruit, qu'il produit en grande quantité, soit plutôt un obstacle pour ceux qui le possèdent qu'un produit réel, puisqu'on ne peut l'utiliser. Cependant, le docteur Testan, après bien des recherches, a donné un moyen facile pour en extraire deux cinquièmes de fécule d'une qualité supérieure, pour les usages domestiques, les arts et la médecine, à celle que fournit la pomme de terre. (Voir pour cela la *Presse agricole*, numéros des 21 mars et 4 avril 1847.) Il est positif que nous possédons cet arbre depuis le commencement du dix-septième siècle. Ce n'est donc qu'au bout de cent quarante ans à peu près que l'on a trouvé le moyen d'utiliser son fruit, qui n'était pour ainsi dire bon à rien qu'à salir les promenades et tomber sur les promeneurs, dans le courant de l'automne, et blesser dans sa chute de jeunes enfants. On pourrait donc aujourd'hui, d'après le docteur Testan, récolter son fruit avant sa chute pour l'utiliser, comme on récolte les autres fruits à péricarpes, et on ne serait plus exposé aux inconvénients que nous signalons ci-dessus. Cette découverte engagera sans doute à faire des plantations de ce bel arbre de préférence à d'autres qui ne produisent rien.

TILLEUL

1.	Tilleul	à feuille de vigne.	Tilia vitifolia.
2.	»	commun.	» platiphylla (fort pour avenue).
3.	»	argenté.	» argentea.
4.	»	pleureur.	» pendula.
5.	»	à feuille laciniée.	» laciniata.
6.	»	de la Caroline,	» Carolina.
7.	»	d'Amérique.	» Americana.

Généralement, toutes ces variétés produisent un bel effet, principalement dans les grands massifs, et plantées isolément.

Le n° 2 est très propre pour former de belles avenues.

Les nos 3 et 4 se font remarquer parmi les autres essences par leur feuillage argenté.

Les nos 5, 6 et 7 produisent un effet très pittoresque.

Le climat du Midi est favorable au développement de cet arbre, qui s'y opère promptement, quand il est placé dans un sol qui lui est convenable, quoique humide; il réussit dans presque tous les terrains; mais néanmoins les terres calcaires sableuses, à sous sol perméable, dans lesquels ses racines peuvent s'étendre sans obstacle, sont les plus favorables à son grandissement. On trouve quelquefois de ces arbres d'une rare beauté dans le sable pur; il redoute, comme la généralité des autres arbres, celles qui conservent un excès d'humidité trop prolongé, dont on doit le préserver. Sa tête se garnit annuellement de nombreux rameaux très favorables à son organisation et qui donnent beaucoup d'ombrage ; il se prête avec souplesse à toutes les formes qu'on veut lui donner par le moyen de la taille ; il jouit de l'avantage d'être respecté par les insectes qui ne l'attaquent jamais. Son bois est peu propre aux grands ouvrages, mais il est assez recherché pour les moulures. Son écorce peut au besoin s'utiliser à faire des cordes de puits et autres cordages. Sa fleur odorante est très en usage en pharmacie et tout le monde en connaît la propriété.

ÉRABLE

1.	Érable blanc,	acer platanoïde (très fort pour avenue).	
2.	» sicomore	pseudo platanus	*id.*
3.	» jaspé.	A. pensylvanicum striatum.	
4.	» de Tartarie.	A. Tartaricum.	
5.	» coriace.	A. coriaceum.	
6.	» rouge.	A. rubrum.	
7.	» champêtre.	A. campestre.	
8.	» à feuilles d'obier.	A. opulifolium.	
9.	» » panachées.	AP. foliis variegatis.	
10.	» » laciniées.	AP. foliis laciniatis.	

Tous les érables sont d'un effet significatif dans les massifs des jardins, paysages. Les n^{us} 1 et 2 sont de grands arbres propres pour allées d'avenue et salles d'ombrage.

Le n° 3 prend moins de développement, mais il se fait remarquer par ses feuilles et son bois jaspé. On doit le planter isolément.

L'érable prospère par enchantement, comme la généralité des autres arbres dans les terres franches, généreuses, profondes et fraîches. Cependant il réussit assez bien dans les positions sèches de médiocre qualité ; mais alors il est susceptible d'être attaqué par les larves, qui pénètrent jusqu'au centre des branches, se nourrissent de leur moelle, et finissent par entraîner l'arbre à sa destruction.

HÊTRE

1.	Hêtre commun.	Fagus	sylvatica.
2.	» argenté.	»	argentea.
3.	» pendant.	»	pendula.
4.	» cuivré.	»	cuprea.
5.	» pourpre.	»	purpurea.

Cet arbre, d'une nature rustique, vient parfaitement dans les terres dures ; il se plaît même sur les montagnes et prospère même dans les crayons ; il réussit dans toutes les régions ; néanmoins il préfère une température moyenne, son bois est dur et sain. Il est d'un excellent usage pour le chauffage ; les feuilles d'un rouge pourpre, des n°s 4 et 5, offrent un contraste agréable avec la verdure des autres arbres et produisent un effet merveilleux pour la plantation des sites pittoresques.

FRÊNE

1.	Frêne à feuille de lentisque.	Fraxinus	lentiscifolia.
2.	» élevé ou commun.	»	excelsior.
3.	» à fleur.	»	ornus.
4.	» à une feuille.	»	monophylla.
5.	» pendant.	»	pendula.
6.	» argenté.	»	argentea.
7.	» jaspé.	»	jaspidea.
8.	» vert foncé.	»	atrovirens.
9.	» doré.	»	aurea.

C'est ordinairement le n° 2 seul que l'on cultive en grand à cause de l'utilité de son bois, si favorable pour le charronnage et pour emmancher bien des outils.

Le n⁰ 3 se fait remarquer par ses fleurs pourvues de corolles qui se développent en grappes blanches, d'un joli effet ; le n⁰ 4 a ses feuilles entières, tandis que les autres les ont composées ; le n⁰ 5 a les branches pendantes comme celles du saule pleureur ; il produit un effet très pittoresque dans les jardins, paysages ; les n⁰ˢ 6, 7, 8 et 9 produisent aussi un effet remarquable : le premier, par ses feuilles argentées ; le deuxième, par ses jaspures vertes et jaunes du tronc; le troisième, par le beau vert de ses feuilles, et le quatrième, par la couleur jaune de son bois. Tous ces arbres sont ordinairement employés aux plantations des jardins, paysages; les terres argileuses, tuffacées, marneuses, crayonneuses, dures et froides ne lui sont pas favorables, mais il prospère et s'élève rapidement et prodigieusement en plaine dans les terrains légers, peu profonds et frais.

ALISIER

1.	Alisier à feuille ronde.	Cratœgus aria rotundifolia.
2.	» à louchier.	» aria.
3.	» de Pologne.	» Poloniensis.
4.	» argenté.	» argentea.
5.	» à longue feuille.	» aria longifolia.
6.	» de Fontainebleau.	» latifolia.
7.	» des bois.	» terminalis.
8.	» à grande fleur.	» grandiflora,
9.	» à feuille d'arbousier.	» arbutifolia.

Les alisiers sont naturellement très vivaces ; ils s'accommodent de tous les terrains, ne sont sujets à aucune maladie ; les insectes les respectent, ils sont de tous les climats et vivent très longtemps; ils ne s'élèvent qu'à une hauteur de 6 à 14 mètres et tous produisent beaucoup d'ombrage et un joli effet par leur beau vert dans les massifs et jardins paysages ; nous en voyons parfois en ligne sur les bords des chemins et même sur les places publiques ; mais les enfants les meurtrissent à coup de pierre pour faire tomber les fruits dont ils sont très friands ; il est très difficile de les garantir de leurs attaques.

Nous avons vu vendre le tronc de ces arbres jusqu'à 16 francs les 100 kilogrammes, qu'on refendait en planches minces et que l'on débitait ensuite pour en faire des verges de fouet à l'usage des postillons, des cochers et des charretiers ; mais les branches ne peuvent servir que pour brûler ; ce ne sont ordinairement que ceux qui poussent sur les rives isolées au bord des champs que l'on emploie à cet usage. Pour abattre ces arbres, il convient d'agir avec précaution et de la manière suivante : on doit faire un grand creux autour du tronc de l'arbre pour découvrir les grosses racines qui partent du collet, sans les endommager ; on scie proprement le tronc à la naissance des racines ; après l'opération, on comble le creux en le recouvrant de 8 à 10 centimètres de terre seulement, afin qu'elles restent exposées aux influences atmosphériques, sans lesquelles elles finiraient par pourrir et ne repousseraient plus. En agissant ainsi, cet arbre, qui est de nature à se reproduire, pousse au printemps suivant une quantité de rejetons très vigoureux. Quand les plus forts ont atteint de 1^m,60 à 1^m,70 centimètres de hauteur, on choisit le plus beau et on supprime tous les autres ; on lui donne alors un tuteur au moyen d'une perche pointue qu'on enfonce dans la terre, de manière à ne pas endommager les racines, et on attache l'arbre contre cette perche en ayant soin de ne pas blesser son écorce, soit pour le redresser, soit pour le préserver des ravages des vents. Au mois de février suivant, on lui retranche les branches latérales, et sous peu d'années on obtient de nouveau 'arbre que l'on avait perdu.

PEUPLIER

1.	Peuplier	suisse ou de Virgignie.	Populus	manilifera.
2.	»	tremble.	»	tremula.
3.	»	d'Italie.	»	fustigiata.
4.	»	noir.	»	nigra.
5.	»	de la Caroline.	»	angulata.
6.	»	de la Panonie.	»	Panonica.
7.	»	blanc ou de Hollande.	»	alba.
8.	»	à feuille d'érable ou neige.	»	accrifolia.

Tous les peupliers sont de beaux arbres que l'on cultive en grand dans bien des provinces de l'Europe; ils produisent des effets merveilleux dans les paysages; ils croissent en pleine liberté et s'élèvent ordinairement en pyramide à une hauteur prodigieuse. Quant à leur taille, on doit leur supprimer seulement les rameaux d'en bas pendant leur jeune âge, en les coupant proprement ras de la tige. Cet arbre est sujet aux attaques du ver blanc du hanneton, dont on doit le débarrasser au plus tôt de la même manière que nous l'avons expliquée pour l'orme; on utilise son bois à la construction des charpentes et on en tire des planches pour les caisses d'emballage. Leur croissance a lieu avec célérité dans un terrain frais, mais il est de courte durée dans une terre qui conserve une humidité constante. Sur cent, plantés dans un pareil terrain, un tiers sont morts au bout de cinquante ans, et la mortalité des restants continue rapidement chaque année. Si on les remplace par d'autres espèces d'arbres sans remplacer la terre épuisée par une terre neuve, qui n'ait point encore nourri d'arbres, les racines intérieures se pourrissent et entraînent par contagion la chute des nouveaux sujets...

Je crois qu'il serait superflu de prolonger la nomenclature d'une plus grande quantité d'arbres d'agrément, sur lesquels nous croyons devoir garder le silence, et de continuer les détails sur le caractère de chacun d'eux en particulier et sur les soins qui conviendraient à leur développement et à leur durée, dont je ne conseille pas le choix dans nos contrées. Nous conseillons aux propriétaires de se borner au choix que nous avons fait ci-dessus et de se décider en faveur des variétés qu'ils jugeront les plus convenables, d'après les rapports et les détails que nous avons faits de chaque espèce en particulier.

On ne peut différer pour ce genre de plantation de s'adresser aux pépiniéristes de premier ordre et consciencieux, pour obtenir les arbres que l'on désire planter. On trouve ordinairement chez eux des multitudes d'arbres de toutes espèces, dont chaque rangée porte son étiquette, afin que les acheteurs puissent choisir eux-mêmes les sujets qu'ils désirent planter, à moins que le propriétaire ne voulût établir chez lui une pépinière des qualités d'arbres propres à l'usage des plantations qu'il désire faire dans ses propriétés ; mais, pour réussir dans cette entreprise, il convient d'avoir un terrain et une exposition favorables à cet effet, à l'abri du vent du nord, d'un arrosage facile, et un jardinier capable de conduire et de diriger cette jeune plantation de manière à pouvoir obtenir les jeunes plants le plus promptement possible.

OUVERTURE DES TROUS

CHOIX DES ARBRES

ET DISTANCE

A LAQUELLE ON DOIT LES PLANTER

Ouverture des trous

On doit ouvrir des trous carrés de 3 mètres de côté si la terre est franche, légère, perméable; $0^m,60$ de profondeur suffisent. Si, au contraire, la terre est forte, compacte, on approfondira les trous de $0^m,70$ à $0^m,86$. Ce travail devrait être fait, le plus longtemps possible, avant la plantation, afin que la terre ramenée à la superficie du sol ait le temps d'être pénétrée et bonifiée par les agents de la végétation, si favorables à la prospérité des arbres. On devra, en pratiquant l'ouverture des trous, mettre du côté du midi la couche supérieure de terre cuite par le soleil, qu'on nomme terre végétale, et la couche inférieure, qui est moins végétale du côté du nord. En agissant ainsi, les bords de l'est et de l'ouest ne se trouvent pas encombrés et donnent la facilité de placer une règle en bois au travers du trou, pour mieux connaître, en plantant, la profondeur où l'on doit mettre les jeunes racines du sujet, comme nous l'expliquerons à l'article de la plantation. De cette manière, on peut aussi recouvrir les racines avec de la terre fertile et de bonne qualité, si favorable au développement de l'arbre.

Si, au contraire, le terrain n'est pas favorable à la plantation, si l'on trouve, en creusant, le tuff, l'argile, le poudingue, le grès, le gravier, la glaise ou la craie, dans lesquels terrains les arbres ne pourraient végéter que péniblement et sans succès, on devra, en pareil cas, augmenter la dimension des trous, tant en largeur qu'en profondeur, afin d'enlever cette terre nuisible à la prospérité du sujet et la remplacer en comblant les fosses par de la terre neuve fertile, sèche et pierrée, et de la meilleure des champs.

Choix des arbres

Quand il s'agit d'une plantation et du choix des arbres, c'est ordinairement aux pépiniéristes que l'on a recours. On trouve communément chez eux toutes les espèces d'arbres et d'une rare beauté ; mais la plupart de ces jardiniers, pour retirer un plus grand revenu de leur terrain, commettent volontairement de grandes fautes, en plantant dans leurs pépinières les jeunes plants trop rapprochés les uns des autres, à tel point qu'il est presque impossible de les déplanter avec toutes leurs racines intactes, si nécessaires à la reprise des arbres et à la prospérité de la plantation. Nécessairement, pendant la déplantation, on est obligé d'en mutiler une grande partie et principalement les plus grosses. Ces fortes amputations sont très préjudiciables au progrès des jeunes sujets. Après leur plantation à demeure, la sève s'exhale de toutes ces coupures impropres, qui ralentissent leur végétation et leur occasionnent très souvent des maladies incurables. L'avantage est immense de transplanter les arbres avec toutes leurs racines entières. Ainsi on ne saurait prendre trop de soins assidus pour obtenir une bonne déplantation, en évitant autant que possible la mutilation des racines. Plus elles seront conservées intactes et en abondance, plus la reprise des arbres est assurée et certaine.

Autre condition à observer. Pour obtenir une plantation bonne et durable, il faut bien choisir ses plants ; à part le platane, que l'on peut planter à tout âge, on doit les choisir jeunes, à tiges droites, à écorce lisse, saine, annonçant de la vigueur, d'une hauteur, après la plantation, en dessus du sol, la tête étant rabattue, de 2 mètres au moins, et de $0^m,05$ à $0^m,06$ de diamètre à leur extrémité supérieure. On doit repousser tous ceux à très grosse tige, fortes racines, peu nombreuses, sans chevelus, vieillis et à nuance jaunâtre.

Distance des arbres

De quelque manière que l'on plante, soit en ligne sur le bord des chemins, soit en massif, soit enfin en échiquier, la qualité du sol et celle de l'arbre règlent la distance à observer pendant la plantation. Quand elle a lieu dans un beau sol et que les arbres qu'on y plante sont de nature à prendre un grand développement, tel que l'orme, le platane et autres, la distance doit être plus grande que quand le terrain est de médiocre condition et que les arbres que l'on plante sont d'un tempérament à prendre moins de développement que l'orme, le platane et autres ; il y a donc un principe précis à suivre pour la distance de chaque espèce d'arbre pendant la plantation, principalement pour ceux que l'on veut soumettre à la taille, pour obtenir d'eux une tête régulière.

Communément on plante sans considération, ni pour la nature du sol, ni pour celle de l'arbre. La distance ordinaire entre les grands arbres, depuis un temps immémorial, est celle de 10 mètres d'un arbre à l'autre ; on en voit même quelquefois de bien plus rapprochés, puisque leur distance ne se trouve être que de 6 à 7 mètres. Il est évident que le jour de la plantation on ne plante pour ainsi dire que des morceaux de bois, qui paraissent au planteur toujours trop éloignés les uns des autres; ils prétendent, en plantant rapproché, jouir plus tôt de l'ombrage des arbres; ils sont, sous ce rapport, grandement dans l'erreur, puisqu'il en résulte toujours de graves inconvénients après la plantation; malheureusement le plus grand nombre de ceux qui plantent ne voient les arbres que jeunes, ils oublient que ces arbres vivent des siècles, en prenant ordinairement pendant leur longue carrière des dimensions très grandes. Cependant nous ne pouvons révoquer en doute que la place qu'occupe une plante et les soins qu'on lui prodigue contribuent puissamment à sa croissance plus ou moins grande, plus ou moins rapide et à sa conservation plus ou moins longue : admettons que la tête de l'orme ou du platane, organisée d'après nos principes, que nous vous soumettrons bientôt, parvienne à sa plus haute période, d'une hauteur de 15 à 18 m., et d'une largeur égale; ne pouvant s'élargir que de 10 m. puisque la distance des arbres n'est que de 10 m., étant cernée et oppressée dans leur circonférence par leur proximité réciproque et souvent même par des murs ou des maisons bâties au bord des chemins, elle doit nécessairement s'allonger de 26 m sur la hauteur, pour acquérir la dimension que la nature leur prescrit; la végétation latérale étant interrompue réciproquement par les parties en contact, reste interdite et sans progrès. Dès ce moment, le sommet des branches verticales jouit seul des influences atmosphériques. La sève s'y porte naturellement avec véhémence, attendu que plus elle s'éloigne du centre, plus elle est active et fait développer annuellement un grand nombre de branches en rapport avec la vigueur de l'arbre; les branches latérales manquant de sève, d'air et de soleil, enfin, de nourriture suffisante, finissent par s'affaiblir, se faner ; le bas de l'arbre se dégarnit ainsi progressivement de ses nombreux rameaux ; très souvent la carie s'empare des grosses branches latérales qui finissent par mourir ; on est alors obligé de les supprimer, et l'arbre continue de grandir extraordinairement ; il menace les nues et il se trouve ne plus être, pour ainsi dire, sous le gouvernement de l'homme ; on ne peut plus le tailler sans s'exposer à perdre la vie en faisant une chute d'une hauteur excessive. L'arbre grandit alors à volonté et sa forme devient de jour en jour plus irrégulière et défectueuse ; mais alors il n'y a plus de remède, attendu qu'ils se trouvent trop rapprochés et qu'ils ne peuvent plus grandir qu'avec une quantité de défauts irréparables qui finissent inévitablement par les conduire à une perte totale bien avant l'âge que la nature leur a prescrit.

Les ormes qui bordent le cours de notre ville et tant d'autres que nous avons vus dans différentes localités, se trouvent depuis très longtemps dans la funeste position que nous venons de signaler, et voici ce qui en résulte : L'arbre étant démembré par le bas et d'une si grande élévation, l'ombre manque sur les promenades publiques et le soleil fatigue les promeneurs pendant les fortes chaleurs de l'été. On prend le parti alors de ravaler sans ménagement toutes les fortes branches verticales de ces arbres très avancés en âge, qui redoutent toutes les fortes amputations. Cette cruelle opération n'a d'autre but que celui d'obtenir de nouveaux bois latéraux dans la circonférence des arbres et en même temps plus d'ombrage. En agissant ainsi, on ne comprend pas que les arbres ne sont pas assez espacés entre eux et que malgré cette opération désordonnée et meurtrière du ravalement, le même sort les attend, et on espère encore qu'après ce coup mortel, les arbres pousseront de nouveaux bois extraordinaires dans toutes leurs parties ; mais le plus grand nombre de ces rejetons ne peut pas exister longtemps, principalement ceux du bas des branches que la sève abandonne et qui finissent toujours par se dessécher comme précédemment à cause du manque de nourriture suffisante, et, au lieu d'avancer, on recule. En outre, les racines, existant sous le sol plus nombreuses que les branches et les rameaux, à cause de la suppression des bois qu'on a enlevés aux arbres arbitrairement, ne se trouvent plus en rapport avec les rameaux par leurs relations réciproques. Les fortes plaies produites par le ravalement des fortes branches restent ouvertes et ne se referment plus. On n'a pas même le soin de les recouvrir avec de l'onguent de Saint-Fiacre ou du mastic à greffer. La sève s'écoule, s'épanche abondamment pendant la belle saison de toutes ces coupures impropres, la carie s'en empare, et l'arbre ne fait que vivoter entre la vie et la mort et finit par succomber à la suite de toutes ces mutilations.

Convenons donc que c'est une grande erreur de planter trop rapprochés des arbres qui ont besoin de la main de l'homme pour diriger leur végétation et leur donner, par le moyen de la taille, la forme qui leur convient. Pour obtenir ce résultat, on doit donc, en plantant, conserver les distances convenables et favorables à l'organisation des arbres qui sont susceptibles de prendre, à leur plus haute période, un grand développement.

D'après nos principes, la tête des arbres en pleine terre, quelle que soit d'ailleurs leur espèce et leur qualité, doit être tenue constamment ronde par le moyen de la taille, c'est-à-dire pas plus haute que large.

Pour l'orme et le platane, la distance à observer entre eux doit être de 18 m. dans un beau terrain et de 15 m. dans un sol inférieur ; comme la généralité des autres espèces d'arbres que nous désignons plus haut, prennent moins de développement que l'orme et le platane, on pourra les distancer au dernier chiffre de 15 m. dans un beau sol et 12 m. dans un terrain inférieur. Avec ces proportions, on pourra obtenir des arbres réguliers, élégants, bien conformés, donnant beaucoup d'ombrage et de fraicheur, d'une forte constitution et qui vivront bien plus longtemps que ceux plantés plus rapprochés, que l'on est obligé de mutiler constamment et impitoyablement comme nous l'avons dit plus haut.

L'homme qui est chargé de la taille ne court pour ainsi dire aucun danger et peut toujours les nettoyer de leur bois malade ou mort, les diriger facilement et convena - blement. Ecartons donc aujourd'hui tous les mauvais procédés qui nous ravissent l'avantage de pouvoir jouir paisiblement du plein succès de nos arbres qui ne parviennent qu'à la suite de beaucoup de soins et de grands frais. Puisque nous les plantons pour notre agrément et notre utilité, sachons au moins les conduire convenablement pour prolonger leur existence. N'abrégeons plus leur durée par un massacre continuel et perpétuel comme on le pratique encore aujourd'hui et depuis que les arbres existent.

Plantation

Cettte opération a lieu ordinairement en automne dans les terrains secs, et au printemps dans les terrains humides. On commence la première de suite après la chute des feuilles qui a lieu, pour nos contrées méridionales, dans le mois de novembre. Les arbres, plantés à cette époque, poussent plus tôt que ceux plantés au printemps. Mais, restant si longtemps dans la terre sans prendre racine, à l'exception de quelques chevelus qu'ils peuvent produire pendant l'hiver, s'il n'est pas trop rigoureux, ils se trouvent exposés à toute sorte d'accidents

fâcheux très préjudiciables à leur reprise, soit de la part
des enfants qui les ébranlent, soit de tout autre cas fortuit.
La deuxième plantation s'effectue ordinairement dans les
terres froides et humides pendant le mois de mars, un
peu avant l'ascension de la sève. Les arbres prennent
alors racine immédiatement après la mise en place et
restent moins longtemps exposés sur la voie publique
aux accidents préjudiciables à leur progrès que ceux
plantés en automne. Eh bien, nous, que la terre soit
sèche ou humide, peu nous importe ; nous ne plantons
ni pendant l'automne, ni pendant le printemps, attendu
que la première époque est trop précoce et la deuxième
trop tardive. Nous plantons dans le courant de février,
après les gros froids de l'hiver. Cette époque est la plus
favorable à la réussite de la généralité des plantations,
du moins c'est notre avis d'après nos expériences. Nous
avons planté, dans le courant de ce mois, de toutes
espèces d'arbres et d'arbustes et dans toute espèce de
terrain, et toujours avec succès. Les terres, relevées sur
les deux bords des trous, restent assez de temps exposées
aux influences de l'atmosphère pour se bonifier convenablement, ce qui est d'un bon augure pour la reprise des
jeunes plants. Ainsi, une plantation est une opération sérieuse ; elle se fait pour longtemps et mérite des soins et
beaucoup d'attention ; elle doit être faite avec précision
et connaissance de cause, attendu que de là dépend la
prospérité plus ou moins avantageuse des arbres et de
leur plus ou moins longue durée. La généralité des cultivateurs ne plantent que machinalement ; ils ne suivent
que les vieilles routines qu'on leur a enseignées dans
leur jeune âge et qu'ils se transmettent depuis plusieurs
générations. Nous parlons ainsi parce que nous avons
occasion de les suivre de près et de les voir à l'œuvre ; la
plupart plantent sans rafraîchir les racines convenablement et ne portent aucune attention au chevelu si néces-

saire à la reprise des plants, et mettent les racines supérieures à 0 m. 60, à 0 m. 70 de profondeur sous le sol. Cette vieille méthode est funeste ; les racines du sujet se trouvent alors dans une terre crue, froide et souvent humide, exposées à se pourrir, ne pouvant que très difficilement profiter des engrais, des cultures, des influences atmosphériques, ne produisant qu'une sève viciée et impropre à la végétation du sujet. Les arbres, ainsi placés, n'atteignent jamais leur complet développement et vivent peu. Il est positif que plus le collet des racines se trouve placé profondément sous le sol, plus les arbres deviennent chétifs et rabougris ; tandis que quand le collet des racines se trouve placé à la superficie du sol, les arbres sont vigoureux et puissants. Pour venir à l'appui de cette assertion, nous citerons ce que nous avons observé mainte fois et ce que chacun peut observer comme nous. Dans le nombre des arbres plantés sur la voie publique dans notre localité, ceux dont le collet des racines est à la superficie du sol, puisqu'il est apparent, sont des arbres d'une rare beauté, d'une vigueur et d'une dimension admirables, et prolongent leur carrière au delà de plusieurs siècles.

Une plantation ne doit s'effectuer qu'avec un beau temps, plutôt sec qu'humide, attendu que les racines des jeunes plants redoutent excessivement le froid auquel on ne doit jamais les exposer. Si par cas, après un long trajet, elles étaient desséchées ou si elles avaient souffert du froid, on devrait, avant la plantation, les faire tremper au moins un jour dans de l'eau fraîche et à l'abri du froid.

L'arbre doit être préparé convenablement avant de le confier à la terre, surtout celui qui est arraché depuis longtemps ; cette préparation consiste à rafraîchir proprement avec un outil tranchant l'extrémité des chevelus et des racines desséchées, pour faciliter le développement des nouvelles reproductions si nécessaires à la reprise du sujet, réparer les mutilations et les retranchements faits aux fortes racines pendant le déplantage, et les recouvrir avec de l'onguent de saint-Fiacre ou du mastic à greffer pour aider la cicatrisation ; quand cette opération est négligée ou faite sans précision, les plaies ne se ferment pas, deviennent souvent dangereuses et nuisent grandement à la prospérité de l'arbre.

Quand la tige comporte la hauteur déterminée plus haut, on supprime les branches et on conserve la tête du plant intacte, en ayant soin de ne pas endommager l'écorce et les petits bourrelets qui se trouvent à l'insertion des branches afin d'en obtenir de nouvelles avec plus de facilité et de régularité; mais comme les tiges des plants en pépinières ne sont pas toujours d'égale longueur, quand elles dépassent la hauteur prescrite de deux mètres au moins, elles doivent être rabattues et mises à la règle; mais quand elles restent au dessous de cette hauteur, on doit les rejeter, sans quoi on n'obtiendrait pas une plantation uniforme.

L'arbre ainsi préparé, il convient de le mettre immédiatement en place; on doit le planter comme il était en pépinière, n'importe la qualité du sol et celle du sujet; mais cependant un peu plus bas dans les terres légères, c'est le seul moyen pour obtenir des arbres forts et vigoureux. Quand on plante plus profondément, comme c'est ordinairement l'usage, il se forme souvent, à quelques centimètres au-dessous de la superficie du sol, un bourrelet qui produit une quantité de nouvelles racines qui, étant plus près de la superficie du sol, reçoivent à la fois et plus que les autres les influences bénignes de l'atmosphère, des engrais, des arrosements et des cultures, se mettent aussitôt en correspondance avec les branches et les rameaux, grossissent, se prolongent rapidement et portent un préjudice notable à celles qui sont placées plus bas sous le sol. Se trouvant ainsi garrotées comme dans une prison, ces dernières deviennent plutôt nuisibles qu'utiles à la prospérité de l'arbre. Si le terrain est humide, elles finissent par se carier, du moins en partie, infectent le sujet par contagion et nuisent à son développement ; si, au contraire, le terrain est sec, elles restent pour ainsi dire dans l'inaction, deviennent un obstacle au développement du pivot et l'arbre se trouve susceptible d'être ébranlé ou renversé et déraciné en pleine végétation, par les vents si fréquents dans nos contrées où ces accidents sont très communs.

En arrachant, dans ma propriété, des mûriers qui avaient toujours été maladifs et rabougris, j'ai remarqué que toutes les plus basses racines étaient pourries. Un pareil fait s'est produit chez de jeunes poiriers de diverses espèces qui restèrent toujours étiques et rachitiques ; un pareil résultat a généralement lieu quand on plante trop profondément.

Les terres des trous dans lesquels on plante le jeune sujet éprouvent toujours un tassement plus ou moins considérable évalué à un dixième par mètre. On doit prendre en considération cet affaissement qui ne manque jamais d'avoir lieu après la plantation ; mais on ne doit pas confondre celui qui a lieu au dessous des racines avec celui qui s'opère au dessus. Ce n'est que sur le premier que l'on doit établir son calcul d'après la profondeur du trou. Si le tassement a lieu lentement comme cela arrive souvent, les arbres peuvent conserver leur position et rester d'aplomb ; mais s'il s'opère précipitamment et à la suite d'une forte pluie, les arbres entrainés plus profondément sous le sol, perdent leur alignement et penchent pour la plupart à gauche ou à droite. Il convient, pour régulariser la plantation, de les redresser aussitôt que la superficie du sol commence à sécher.

Maintenant il s'agit de piocher le fond du trou, surtout

quand la terre a été trépignée étant humide et ensuite durcie par les vents et les rayons solaires ; de connaître, pour opérer uniformément, le niveau horizontal de la superficie du terrain et la position que doit occuper le collet des racines sous le sol après la plantation. On obtient ce résultat très facilement au moyen d'une règle qu'on place sur le sol au travers du trou dans lequel on jette sans retard la quantité de terre nécessaire prise sur le côté du midi qui est la meilleure et sur laquelle on assied les racines de l'arbre ; ensuite un homme tient la tige de manière qu'elle soit appuyée contre la règle, afin de pouvoir placer le collet des racines comme il était en pépinière, c'est-à-dire pas plus bas sous le sol, en observant, en même temps, le tassement de la terre qui devra avoir lieu plus tard, ainsi que l'alignement des files. Il faut placer les plus grosses racines du côté du nord, si elles ne sont pas d'égale grosseur ; pour les tiges des plants qui ne se trouveraient pas bien droites, on doit placer la partie qui courbe en face du nord. On donne en outre aux racines leur direction naturelle en les alternant autant que possible autour de la tige, sans les forcer et sans enchevêtrement. On les recouvre aussitôt avec la terre qui se trouve au midi du trou, sèche, sans pierre et sans mottes, de manière qu'il ne reste aucun vide entre les racines ; on pioche le bord du trou pour donner aux racines plus de facilité pour pénétrer la terre et on finit de combler le trou avec la terre placée sur le côté du nord, qu'on presse légèrement avec le pied contre la tige pour la consolider contre le vent.

Quand la plantation a lieu tardivement et que la terre est très sèche, on devra, immédiatement après la plantation, donner un arrosement médiocre autour de l'arbre, pour faciliter le tassement des terres et leur adhérence immédiate aux racines. On assure ainsi la reprise du jeune plant.

Il est très nécessaire de cerner ou d'entourer les tiges des arbres, placés sur les places et autres lieux publics, avec des buissons retenus et reliés par le moyen de branches d'osier, pour les garantir du contact des enfants et autres cas fortuits.

CULTURE

FUMURE — ARROSEMENT

Il convient de donner à l'arbre les soins qu'il réclame constamment, mais principalement pendant son jeune âge, soit par des cultures réitérées quand le sol est battu et durci, soit par des fumures convenables quand le terrain est épuisé, soit par des arrosements fréquents et sans excès pendant les chaleurs de l'été, surtout lorsqu'il est placé dans une terre sèche et ingrate, soit enfin par une taille d'organisation en rapport avec sa force et sa vigueur. Ces stimulants de la végétation sont d'une nécessité absolue à l'accroissement du sujet, qu'on ne doit jamais négliger de lui prodiguer, attendu qu'alors son développement a lieu avec célérité, et l'arbre est tout de suite formé; mais quand on l'abandonne aux faibles ressources de la nature, il lui faut un temps infini pour acquérir les premiers principes de l'organisation qui lui convient, et dont il sera question tout à l'heure, s'il n'est pas attaqué auparavant de rachitis et de marasme.

Culture.

Dans les trous que l'on a creusés de la grandeur que nous avons indiquée, l'arbre peut végéter et grandir

pendant ses premières années sans inconvénients, tant
que les racines trouvent de la terre molle pour se développer ; mais dès l'instant qu'elles ont parcouru cet espace, ne trouvant plus qu'une terre dure et compacte
qu'elles ne peuvent très souvent pas pénétrer, elles se re-
plient sur elles-mêmes et s'agglomèrent au fond du trou
dont l'étendue en est bientôt remplie. Les sucs nutritifs que
la nature du terrain recèle en plus ou moins grande quantité sont bientôt absorbés et épuisés. Dès cet instant,
l'arbre est frappé d'inertie, faute de nourriture suffisante;
la consomption s'en empare et il ne vivote plus qu'entre
la vie et la mort.

Il est donc nécessaire, pour obtenir des arbres sains,
vigoureux et promptement, de faire, pendant l'hiver qui
suit leur mise en terre, un défoncement général sur toute
la superficie du sol qu'occupe la plantation. La nature du
terrain détermine en plus ou en moins la profondeur que
doit avoir cette culture ; si la terre est franche, légère et
perméable, 0 m. 50 seront suffisants ; si, au contraire,
elle est peu généreuse, forte et compacte, on l'approfon-
dit de 0 m. 60 à 0 m. 70 ; alors le développement des racines aura lieu sans interruption, ce qui est d'un bon
augure pour la prospérité et la réussite complète de la
plantation. Quand on recule devant ce surcroît de dé-
pense, il faut au moins prolonger de plusieurs mètres à
l'extrémité des trous sur toute leur circonférence un
effondrement de la même profondeur que celui que l'on
fit en les creusant. Ce prolongement de culture est très
favorable à la reprise des jeunes plants ; c'est ainsi que
les racines ont le temps de s'allonger et de se fortifier
et d'acquérir assez de force pour pénétrer au travers des
terres fermes et pour s'y établir en procurant aux arbres
des résultats heureux. Ensuite on pratique de légères
cultures que nécessite la plantation pendant le courant
de l'année, soit pour remuer le sol trépigné et durci, soit

pour détruire les mauvaises herbes, soit enfin pour combattre l'effet désastreux de la sécheresse, conserver plus longtemps la fraicheur intérieure et maintenir la terre perméable aux agents de la végétation. Avant l'opération, on devra connaitre la profondeur qu'occupent les racines sous le sol, dans la crainte de les endommager, ce qui serait très préjudiciable à la prospérité des arbres.

Engrais.

Il est nécessaire de fournir à l'arbre, pendant le cours de son existence, et principalement pendant son jeune âge, les engrais qu'il réclame dans bien des circonstances palpables. Cet excitant provoque momentanément une luxuriante végétation en apportant à la terre un surcroît de substances nutritives que les racines absorbent progressivement. Il augmente la force vitale du sujet, le conserve ainsi vigoureux, exempt de maladie jusqu'à sa décrépitude, si on a le soin de le renouveler quand le besoin s'en fait sentir de nouveau.

On pourrait fumer en plantant avec du terreau quand le sol est maigre, pour activer plus promptement la végétation du jeune sujet. Malgré que les engrais soient plus profitables à l'arbre les années qui suivent la plantation, c'est ordinairement dans le courant de novembre de l'année qui suit la mise en place des arbres que doit avoir lieu la première fumure, et on doit continuer cette opération tous les deux ou trois ans jusqu'à ce que l'arbre soit définitivement formé et organisé, et après, seulement de loin en loin, enfin quand le besoin s'en fait sentir de nouveau; mais autant que possible avec un bon fumier décomposé et consommé que l'on fait préparer d'avance et avec soin.

Ayant ainsi fermenté convenablement avant d'être mis en terre, son contact ne peut plus altérer ni les chevelus, ni les racines, ni le collet de l'arbre, comme pourraient le faire les engrais purs, chauds et en fermentation, qu'on ne doit, en cet état, jamais employer à cet usage. On doit donc étendre au pied des arbres, sur la superficie du terrain que l'on suppose être occupée par les racines, les engrais désignés et préparés à cet effet, qu'on enterre en les mélangeant bien avec la terre par une légère culture. Les pluies, pendant l'hiver, les décomposent et introduisent les sucs nutritifs qu'ils renferment jusqu'aux racines, qui les absorbent, s'en nourrissent et activent le développement de l'arbre au printemps suivant.

Arrosement.

L'arbre réclame à la terre, pendant les fortes chaleurs de l'été et à la suite de longues sécheresses, l'humidité qui lui manque pour prospérer, surtout lorsqu'il est planté dans un sol léger. Ce besoin est alors plus pressant pour l'individu, surtout dans les premières années qui suivent la plantation, s'il est privé de ce stimulant puissant, la végétation est suspendue, les feuilles jaunissent et tombent avant l'époque ordinaire, et l'arbre se trouve dans un marasme complet. Ainsi, en pareille circonstance, si on veut le conserver sain et vigoureux, on doit venir à son secours par des arrosements fréquents, sans excès, pendant les fortes chaleurs de l'été. A cet effet, il faut pratiquer au pied de l'arbre une circonvallation dans laquelle on verse de 10 à 12 arrosoirs d'eau chauffée au soleil, et parfois, si besoin s'en fait sentir, mêlée à moitié avec du jus de fumier; on comble cette circonvallation

quand la terre commence à sécher. Cette opération devra
se renouveler au moins tous les vingt jours; la sécheresse plus ou moins persistante en réglera le nombre.

Remarque.

Tout le monde peut avoir remarqué comme nous, que
dans le nombre des arbres de la même espèce plus ou
moins considérables qui sont plantés dans la même nature de terre, pour agrément, en file ou différemment, il
s'en trouve toujours dans le nombre, pendant les premières années, dont la végétation se trouve maigre et
exténuée, et l'arbre reste, en quelque sorte, stationnaire,
tandis que les autres poussent avec vigueur et se couvrent
d'une végétation des plus luxuriantes. Ce manque d'uniformité dans les files, cette inégalité, dégrade entièrement
la plantation. Nécessairement les sujets impuissants renferment intérieurement un principe morbifique qu'on
ne peut attribuer qu'à l'oubli de certaines conditions utiles
à leur prospérité lors de leur plantation : 1º Soit par de
trop fortes amputations faites aux racines pendant l'arrachage ; 2º soit que les plans ne possédassent que de fortes
racines sans chevelu ; 3º soit que le sujet fût vieilli,
noué, galleux, raboteux, à nuance jaunâtre et d'une faible
végétation ; 4º soit que le plan eût été arraché depuis
longtemps et qu'une partie de ses racines et chevelus
ayant été desséchée, n'ait pu reprendre son état de vitalité après sa mise en place ; 5º soit enfin que les plants
que l'on avait choisis ne renfermassent pas tous au même
degré les propriétés convenables et prescrites à l'article
du choix des arbres. Ainsi pour ces arbres que nous venons
de signaler d'une si mauvaise conformation, deux manières d'agir se présentent : 1º On doit déployer à leur égard

un surcroît de soins très empressés et assidus, pour tâcher
de leur rendre cette force vitale dont ils sont dépourvus,
soit par des fumures excitantes pendant l'hiver, soit par
des arrosements et des fumures liquides pendant l'été.
2⁰ Si, à la suite de ces stimulants, leur végétation ne
s'effectue pas avec une célérité remarquable en nous faisant concevoir un résultat satisfaisant et immédiat, on
doit les arracher aussitôt et les remplacer par des plants
nouveaux, renfermant toutes les conditions désirables et
prescrites à l'article du choix des arbres. Ce n'est qu'ainsi
que l'on peut obtenir, par la suite, l'uniformité parmi la
plantation.

Il arrive en outre assez souvent, qu'après un laps de
temps plus ou moins long après la plantation, sur une
quantité d'arbres dont la force, la vigueur ne laisse
rien à désirer, quelques-uns de ces arbres se trouvent
dans les files frappés d'inertie et atteints d'altération et
de décadence dans leurs principes de végétation. Dès
l'instant que l'on s'aperçoit de ce changement, on doit
intervenir aussitôt en faveur du sujet malade, et ne pas
attendre que le mal soit irréparable. Cette altération est
occasionnée ordinairement par un nombre de larves
plus ou moins considérable, principalement par celles
du scarabée qui s'introduisent sous le sol où elles vivent
plusieurs années en famille au centre des racines de l'arbre qu'elles dévorent, en leur faisant des plaies d'où la
sève découle abondamment ; cette perte affaiblit progressivement la végétation du sujet et lui occasionne souvent
la mort. Le seul remède efficace que l'on doive employer
pour débarrasser l'arbre atteint de cet ennemi destructeur, c'est d'enlever autour du tronc, comme porte la circonférence des branches et des rameaux, la terre qui couvre les racines, avec attention de ne pas les endommager
ni de les déplacer ; ensuite répandre sur la superficie du
fond du creux un centimètre du mélange suivant : 3/6 de

fleur de chaux vive, 2/6 de suie sans grumeaux et 1/6 de
fleur de soufre, qu'on recouvre incontinent de 2 centimètres de terre ; ensuite on arrose avec un arrosoir afin
que ces matières se délayent et que leur suc pénètre
dans l'intérieur des racines et puisse détruire cette vermine. Quelques jours après on renouvelle l'arrosage et on
recomble le trou avec de la terre neuve et franche. Cette
simple opération est d'une grande ressource pour les arbres atteints de cette maladie ; elle a le double avantage
de faire périr ces larves destructives et de fumer le sol
souvent épuisé, et de ranimer l'arbre dans ses fonctions
végétatives, en lui procurant une nouvelle vigueur très
favorable à son développement. Ensuite l'année suivante,
pendant le mois de février, on doit le soumettre à une
taille générale ; on lui supprime tous les bois malades.
On pourrait même, si son organisation était vicieuse et le
sujet pas trop vieux, lui faire subir un simple et léger
ravalement des branches pour obtenir du bois nouveau,
avec lequel on aurait le moyen de lui donner la forme
régulière qui lui convient et de le conserver vigoureux
comme les autres.

APPRÉCIATION

UTILITÉ DE LA TAILLE

Si les arbres d'agrément, à part le peuplier, sont généralement soumis à la taille depuis un temps immémorial,
ce n'est que pour redresser les défectuosités de la nature
brute, sauvegarder et obtenir, par ce moyen puissant,
l'organisation de l'arbre régulière et formée, d'après les
règles de l'art et les véritables principes de la physiologie
végétale. Ce n'est qu'ainsi qu'on prolonge son existence
et qu'on le conserve sain et vigoureux jusqu'à sa décrépitude. Mais pour obtenir ce résultat si avantageux, l'arbre doit être constamment conduit de manière à ne jamais
l'exposer à lui faire supporter de fortes coupures en lui
supprimant de fortes branches ; car dès l'instant que ces
amputations ont lieu, sa constitution n'est plus la même,
elle se trouve ébranlée et épuisée ; car dès cet instant la
sève s'évapore de toutes ces ouvertures pendant qu'elle
est en jeu, et l'arbre est privé d'une nourriture propre et
précieuse à son développement. Ces cruelles mutilations
sont toujours funestes à l'individu qui en est frappé ; mais
cependant elles sont moins dangereuses pour lui quand
il est jeune, qu'elles sont faites avec précision et qu'on
les recouvre avec du mastic à greffer ou de l'onguent de
saint-Fiacre, pour les mettre à l'abri des intempéries des
saisons et aider ainsi la cicatrisation qui peut alors avoir

lieu progressivement. Mais si ces coupures ont lieu sur un arbre entièrement formé et si elles ont été faites improprement en portant chacune un chicot comme c'est d'usage chez nos tailleurs d'arbres, alors ces fortes plaies ne peuvent plus se refermer, et il en découle, pendant tout le temps de la végétation, une humeur souvent sanieuse; cet épanchement altère la constitution de l'arbre, interdit ses progrès et nuit à son accroissement. Il en résulte toujours, suite inévitable de massacrage, que la carie succède à la plaie chancreuse et occasionne, par la suite, le démembrement des branches malades, et souvent la mort de l'arbre s'en suit.

C'est ordinairement ainsi que la généralité de nos beaux arbres finissent leur carrière, souvent au milieu de leur course, et c'est précisément celui ques la dirige, qui les taille, qùi est le seul auteur de cette fin tragique, par manque d'instruction à ce sujet; et, pour en finir avec cette détestable et pernicieuse routine, nous allons démontrer le véritable principe et l'unique forme qui convient à nos arbres d'agrément, pour les obtenir promptement et les conserver sains et vigoureux jusqu'à leur extrême vieillesse, et, pour obtenir ce résultat, nous allons nous occuper immédiatement de la démonstration et de l'organisation de la charpente de l'arbre.

CHARPENTE DE L'ARBRE D'AGRÉMENT

PARVENU A SA PLUS HAUTE PÉRIODE

COMPOSÉE

DE SIX BRANCHES DU PREMIER ORDRE

SEULEMENT

La tige de l'arbre, élevée de deux mètres environ au-dessus du sol, donne naissance d'abord à trois branches mères convenablement espacées et alternées à son sommet, prenant leur direction entre la verticale et l'horizontale. Quand elles ont acquis 0 m. 50 de hauteur, elles doivent avoir une ouverture intérieure à leur sommet de 0 m. 60 au moins. Après cette première organisation on devra seconder, par le moyen de l'ébourgeonnement, du pincement ou de la taille en vert ou estivale, le développement régulier d'une nouvelle bifurcation, de manière à porter à six le nombre des branches mères charpentières. Il arrive quelquefois que, sur des arbres dont la végétation est médiocrement vigoureuse, on ne peut pas obtenir, après la deuxième ou la troisième taille, les six branches convenables à l'organisation de la charpente de l'arbre ; malgré toutes les précautions, si on n'en a que quatre ou cinq de régulièrement disposées, on doit s'en contenter ; puis, à la quatrième ou cinquième taille, on obtient toujours celles qui manquent, pour compléter l'organisation que nous nous proposons d'obtenir, avec la différence seulement que la bifurcation de ces dernières se trouve un peu plus relevée ; mais cela ne produit aucun obstacle et ne dérange en rien la forme que nous nous proposons de donner progressivement à l'arbre en organisation.

On pourrait également renvoyer à la prochaine végétation, pour obtenir ces six branches. A cet effet on coupe, comme à la première taille, sur trois branches seulement, un peu au-dessus de la première taille, et on peut ainsi obtenir à la fois les six branches régulières et bien constituées, qui seront les six branches mères charpentières. On donnera à chacune d'elles, par gradation, la direction qu'on désire obtenir ; et si, dans leurs principes, une ou plusieurs d'entre elles s'écartaient de cette direction, on ne doit rien négliger pour les y contraindre, attendu qu'elles forment le premier principe et le fondement de la charpente de l'arbre en construction ; qu'on ne doit rien négliger pour obtenir, soit au moyen d'une bride ou d'un arc boutant, ou au moyen d'un cercle en bois, placé dans l'intérieur de l'arbre, contre lequel on les attache avec précaution, pour ne pas blesser leur écorce. On doit surveiller souvent les ligatures et desserrer, au besoin, de peur d'une strangulation qui ne manquerait pas d'avoir lieu, attendu que la croissance des branches attachées est souvent rapide pendant la végétation, surtout celles du platane. Sans cette attention, un désastre s'en suivrait ; les cordes couperaient les branches attachées et le vent les emporterait, comme nous l'avons vu arriver plusieurs fois. On observera, en outre, de tenir l'intérieur de l'arbre constamment vide.

Ainsi les branches charpentières A, font le premier ordre, figure 1, planche 1. Elles sont, d'après nos principes, les seuls soutiens des nouvelles branches à qui elles doivent donner naissance annuellement et progressivement.

C'est précisément sur ces six branches mères qu'on doit porter constamment, aux époques de la taille, toute son atttention. On doit donc, depuis leur création jusqu'à leur entière formation, ne jamais les perdre de vue, ni les confondre, comme on l'a fait jusqu'à présent, parmi le nombre des branches inférieures qui constituent l'arbre progressivement ; elles doivent, en outre, dominer constamment sur toutes les autres branches, et on doit les obtenir et les conserver par le moyen de la taille que nous allons bientôt démontrer. C'est ainsi qu'en conservant leur position avantageuse, elles gagnent chaque année en hauteur et grosseur et nous donnent régulièrement, aux époques de la végétation, de nouvelles branches du deuxième ordre à leur extrémité, avec lesquelles on crée de nouveaux étages autour de la circonférence de l'arbre dont nous allons nous occuper tout à l'heure.

Maintenant il s'agit de tracer définitivement le chemin et l'ouverture des six branches mères en question. Pour cela nous dirons que, quand elles auront acquis 1 mètre de hauteur à partir de leur bifurcation, elles doivent avoir 1 mètre 50 d'ouverture et plus, si c'est possible. Quand elles auront acquis 5 mètres, leur ouverture doit être de 4 mètres ; quand elles auront acquis 10 mètres, leur ouverture doit être de 6 mètres, et elles doivent constamment conserver la même position jusqu'à l'entière formation de l'arbre ; c'est-à-dire qu'à leur sommet, les six branches mères, à leur plus haut période, forment entre elles un rond intérieur de 6 mètres de diamètre et 18 mètres de circonférence, représenté par la figure 4, planche 2 ; autour duquel rond les six branches sont représentées par les lettres B. Elles se trouvent ainsi placées à 3 mètres de distance les unes des autres, et, assises sur le tronc de l'arbre dans leur véritable position, elles seront à même de résister sans plier à leur charge extérieure et aux furies des vents. Quand on

4

s'écarte de ce principe d'organisation on ne recueille que la confusion, et la ruine de l'arbre s'ensuit; tandis que, d'après cette [avantageuse formation, il en résultera que les branches qui forment les étages inférieurs autour de la circonférence de l'arbre dont il sera fait mention à l'article suivant, ne seront jamais recouvertes par celles des étages supérieurs; elles ne pourront jamais se nuire entre elles ni se ravir les rayons solaires, et l'arbre se trouvera constamment éclairé dans toutes ses parties, ce qui est d'un grand avantage pour sa prospérité.

Cependant, il est remarquable que la généralité des auteurs qui ont traité de la taille avant moi, et qui ont défini parfaitement l'organisation de l'espalier, conseillent, chose singulière, d'organiser les arbres en pleine terre et en plein vent avec douze branches mères charpentières du premier ordre; d'autres vont plus loin, ils parlent de vingt-quatre, puis de quarante-huit. Ce nombre est exorbitant; avec la moindre attention, on comprendra facilement que, dès l'instant qu'un arbre en plein vent, n'importe l'espèce, porte à l'extrémité supérieure de son tronc, douze branches mères supérieures seulement, il ne peut plus exister que péniblement. Ces douze branches consomment d'abord un grand volume de sève pour leur nourriture intérieure aux dépens des branches inférieures; ensuite leur ouverture intérieure se trouve nécessairement beaucoup plus grande que celle que nous prescrivons, et elles s'éloignent alors grandement de la ligne à peu près verticale; puis les branches secondaires, tertiaires et quaternaires qui leur sont adaptées sur toute leur longueur, les entraînent plus rapidement vers l'horizontale, et l'arbre se trouve constamment dans un état de tension et de souffrance extrêmes, et très souvent il finit par s'écraser sous son propre poids. C'est ce que nous voyons arriver à la suite d'une pareille organisation; et certes, cette fin malheureuse des arbres ainsi formés sans principes d'ordre et de régularité ne nous surprend pas du tout, attendu que, depuis qu'ils sont soumis à la taille, la généralité des démonstrateurs nous disent que, quand on taille les arbres, il faut les tenir bien ouverts pour imprimer à leurs têtes une bonne disposition, et pour que le soleil puisse facilement éclairer leur intérieur, afin que cette partie interne ne reste pas stérile et qu'elle fonctionne au profit de l'ensemble du sujet. Il n'est pas nécessaire que l'arbre soit ouvert outre mesure et disproportionné dans son organisation, pour que le soleil puisse éclairer son intérieur. L'ouverture que nous prescrivons est suffisante pour obtenir ce résultat, vu que quand l'arbre porte ses feuilles, le soleil passe presque perpendiculairement au centre de l'ouverture de l'arbre qu'il éclaire parfaitement pour peu qu'il soit ouvert. Après la chute des feuilles, bien que le soleil soit plus bas, l'arbre se trouve aussi généralement éclairé dans toutes ses parties. Il est certain que c'est cette ouverture trop grande et sans proportion qui ruine sa constitution et abrége ses jours, et voici comment : les branches mères se trouvant placées entre la ligne verticale et l'horizontale, chargées de branches et de rameaux sur toute leur longueur, sont constamment entraînées par ce poids vers la terre, et nous pourrions ajouter, à leur destruction. Le mal est grand et irréparable ; car si on néglige cette position, les branches secondaires, grossissant chaque année, les entraînent toujours davantage ; si on les allége en leur coupant ces fortes branches qui les fatiguent, on fait à l'arbre de fortes plaies, d'où la sève s'évapore pendant la végétation. Dès cet instant, les fonctions végétatives se trouvent paralysées, et la perte de l'arbre est ainsi accélérée par ces constantes mutilations qu'on lui fait subir dans toutes ses parties, et qui sont la suite inévitable d'une organisation vicieuse.

Première taille.

Après la plantation, pendant la belle saison, on supprime les bourgeons qui poussent le long de la tige, et on a soin d'éclaircir ceux qui se trouvent à l'extrémité, s'ils sont trop touffus, afin que la sève se porte avec plus de force vers ceux qui, étant les mieux disposés et les mieux alternés au sommet de la tige, devront servir à la première organisation, et on tâchera de les obtenir d'égale vigueur et d'égale grosseur par le moyen du pincement.

Pendant la seconde année, il ne faut laisser à l'arbre que les trois branches qui doivent former la première organisation de sa tête, et tout le soin doit se porter à les avoir d'une parfaite égalité par le moyen du pincement, et en supprimant tous les autres bourgeons qui seraient superflus.

Ce n'est qu'à la troisième année de plantation que l'arbre doit recevoir sa première taille, à l'exception du platane, qui peut la recevoir la seconde année, à moins que ses pousses n'aient pas été vigoureuses, ce qui est rare pour cette espèce.

Il convient d'attendre que l'arbre ait pris convenablement racine et que les relations de ces dernières soient parfaitement établies avec les rameaux, avant de le soumettre à l'opération de la taille, qu'on ne doit pratiquer qu'au moment où la sève se réveille pour se mettre en mouvement, c'est-à-dire dans le courant de février.

Généralement, les coupures doivent être faites proprement et avec précision ; les terminales doivent se pratiquer de 3 à 4 millimètres au-dessus de l'œil ou bouton supérieur sur un plan tant soit peu en pente, de manière que le bouton du sommet, sur lequel la coupe a lieu, ne souffre pas et que la coupure puisse se refermer facilement (*voyez planche 2, figure* 1). **Mais**, quand la taille est plus éloignée du bouton, la plaie ne peut plus se cicatriser, le bois se dessèche et devient un onglet qu'on est obligé d'enlever l'année suivante à l'époque de la taille; cette plaie, restant ainsi trop longtemps ouverte, ralentit le mouvement de la sève et le développement des branches qui en sont affectées (*planche* 2, *figure* 3). Si, au contraire, cette coupe est faite trop près du bouton terminal, on l'évente et très souvent il s'éteint, et l'on se trouve ainsi privé d'un bourgeon très précieux à l'organisation de l'arbre (*planche* 2, *figure* 2). **Nous** observerons que, quand la branche est trop fermée, la taille terminale doit être faite sur un œil en dehors pour la faire ouvrir, et, par la même raison, quand elle est trop ouverte, la taille terminale doit être faite sur un œil en dedans pour la faire fermer, et on obtient ainsi la forme que l'on désire.

Ainsi, l'opération de la taille est pour l'arbre d'une grande importance, surtout dans ses premières années d'organisation ; d'elle dépend sa plus ou moins bonne disposition et sa plus ou moins longue durée. Ici, cette première taille est aussi le premier fondement de la charpente de l'arbre que nous allons établir en donnant aux trois bourgeons que nous avons conservés au sommet de la tige un point de départ et en équilibrant la vigueur plus ou moins végétative du sujet dans des proportions parfaitement égales. C'est en suivant constamment ce principe d'ordre que nous allons démontrer incesssamment que nous sommes parvenus à obtenir graduellement la forme de l'arbre, à son plus haut période (*planche* 2, *figure* 5). Alors nous disons que les trois bourgeons **N** que nous avons obtenus d'égale force par le moyen de l'ébourgeonnement et du pincement, rayonnant avec égalité au sommet de la tige qui leur donne naissance, doivent être taillés, pour la première fois, de 0 m. 40 de longueur, portant chacun six yeux ou boutons à bois de pousse bien constitués. Ceux des extrémités **A** et **B** (*planche* 2, *figure* 5) doivent seuls, pendant la végétation prochaine, se développer vigoureusement en bourgeons, pour servir à l'organisation de six branches charpentières, dont il sera parlé à l'article suivant ; tous les autres en dessous, doivent être, premièrement, pincés à leur sommet dès qu'ils auront acquis de 0 m. 08 à 0 m. 10 cent. de longueur ; puis, quand les six bourgeons qu'on a choisis à l'extrémité des branches et qu'on maintient pendant la végétation d'une égale vigueur par le moyen du pincement, ne risquent plus d'être avariés ou brisés par le vent, ceux en dessous doivent être peu à peu supprimés.

L'ébourgeonnement consiste à supprimer les bourgeons superflus pendant la végétation, et le pincement, à couper avec les doigts l'extrémité des bourgeons herbacés pour les arrêter dans leur croissance et faire refluer la sève dans les plus minces, seul moyen pour les obtenir d'égale force.

Nous devons faire observer que la longueur des trois branches (*voyez planche* 2, *figure* 5) que nous avons taillées de 0 m. 40 de long, n'est pas une règle fixe qu'on doive toujours suivre ; cette longueur varie en plus ou en moins, suivant la vigueur et l'espèce de l'arbre en organisation que l'on doit tailler, de manière à ce que la sève qu'il renferme puisse faire développer à la fois tous les yeux qui se trouvent sur la longueur des branches que l'on vient de tailler.

Il arrive quelquefois, par cas fortuit, que, malgré tous les soins que l'on a pris, on n'a pu obtenir les trois branches **N** de même force, ni régulièrement alternées au sommet de la tige ; il s'en trouve une plus faible que les deux autres et trop ouverte. Cette défectuosité, très grave dans son genre, n'est pas irréparable ; on peut corriger cette rrégularité par le moyen d'une taille combinée en pesan-

teur, c'est-à-dire que le bois qui manque sur son épais-
seur, on doit l'obtenir sur la longueur de la branche, vu
qu'elle s'éloigne de la position voulue, et on lui donne
une taille plus allongée qu'aux deux autres ; elle reçoit
alors plus de sève dans son intérieur que celles **P**
taillées plus courtes. Voici le fait parfaitement établi :
La branche faible **M**, taillée de 0 m. 50, porte neuf
yeux ou boutons sur sa longueur ; elle reçoit nécessairement neuf dixièmes de sève, et sa croissance est en rapport avec la sève qu'elle reçoit dans son intérieur ; elle
grossit et grandit pour $9/10$ de sève, tandis que les deux
branches plus fortes **P**, étant taillées plus courtes de
0 m. 40, ne portant sur la longueur que six yeux, ne reçoivent que $6/10$ de sève et ne croissent que de $6/10$ chacune ; croissance que l'on doit, au reste, tâcher de régulariser pendant la végétation, par le moyen de l'ébourgeonnement et du pincement, comme cela se pratique
ordinairement. En suivant constamment ce principe, l'on
repartit la sève avec égalité dans les diverses parties de
l'arbre ; l'on fait croître ou diminuer les branches à volonté et suivant leur position respective. C'est ainsi qu'on
facilite leur équilibre avec celles qui doivent s'alterner et
rivaliser ensemble, attendu que la sève se porte avec plus
de force et d'abondance dans les branches où les rameaux
et les feuilles se trouvent en plus grand nombre. Quand
ce principe d'ordre n'est pas ponctuellement suivi et qu'au
contraire les branches faibles sont taillées plus courtes
que les fortes, comme font la généralité de nos tailleurs
d'arbres pour les faire fortifier, et les fortes taillées plus
longues que les faibles, alors les branches faibles deviennent de plus en plus faibles, tandis que les fortes ac-
quièrent une nouvelle vigueur. La confusion est alors à
son comble parmi les branches et les rameaux, et l'arbre se trouve dans un désordre complet, comme ceux que
nous voyons sur les places et les promenades publiques.

Nous observerons en outre que l'ouverture intérieure de ces trois premières branches doit être de 0 m. 60 centimètres.

Deuxième taille.

A la suite de la première taille, les yeux A et B nous ont produit six bourgeons au sommet des branches **N** (*pl.* 2, *fig.* 5), sur lesquels nous avons porté, pendant leur végétation, toute notre attention; mais aussi nous les avons obtenus, par le moyen du pincement et de l'ébourgeonnement, d'une égale vigueur et parfaitement alternés au centre de la tige, et tous les bourgeons en dessous ont été, comme nous l'avons dit à l'article précédent, pincés, puis supprimés progressivement. Nous taillons maintenant ces six bourgeons à 0 m. 60 de longueur du point de leur bifurcation, et nous avons ainsi nos six branches charpentières, portant sur leur longueur (*pl.* 2, *fig.* 7), huit yeux à bois de pousse, bien combinés et bien constitués. Ceux des extrémités A doivent remplir le plus grand rôle pendant l'organisation de l'arbre; il est important de surveiller leur développement qu'on doit conduire d'une manière uniforme et proportionnée, et de manière que l'ouverture, à leur extrémité supérieure, se trouve être de 1 m. 50. En taillant de 0 m. 60 de longueur, tous les yeux qui se trouvent sur la longueur de la branche qu'on vient de tailler, se développent à la fois, et il ne reste ainsi aucune nudité sur sa longueur, et l'on obtient, par ce moyen, toujours assez de nouveau bois pour donner à l'arbre la forme qu'on désire; mais quand les branches ne sont pas taillées en rapport avec la vigueur de l'arbre et qu'on leur donne, je suppose, trop de longueur, la sève, n'étant pas suffisante, ne fait développer en bourgeons que les yeux des extrémités et ceux en dessous restent dormants. On éprouve alors une grande difficulté pour organiser les branches inférieures des deuxième et troisième; ordres, qui doivent former les étages latéraux autour de la circonférence de l'arbre, comme il en sera question tout à l'heure. A part cet inconvénient, il en résulte un deuxième qui n'est pas moins préjudiciable à la formation de l'arbre, comme nous l'avons déjà fait observer à l'article du platane. Ces branches fluettes, étant chargées à leur sommet par de nouvelles pousses qu'elles ne peuvent supporter sans plier sous leur poids, perdent ainsi leur équilibre, se déforment entièrement et deviennent le jouet des vents qui les brisent. Qu'on juge, après un pareil désordre, de la position de l'arbre. Si, au contraire, la taille est trop courte, la sève, trop abondante pendant son ascension, fait développer en bourgeons avec véhémence le trop petit nombre d'yeux qui se trouvent sur leur longueur et fait irruption à travers l'écorce sur toutes les parties de l'arbre et même sur le tronc où elle fait pousser des bourgeons que l'on est obligé de supprimer en ouvrant de nouvelles plaies très dangereuses pour l'individu. Quelquefois, elle reflue jusque sous le sol, se fait jour à travers l'écorce des racines, d'où elle découle abondamment et se perd dans la terre en pure perte pour le sujet. Une pareille taille ainsi répétée sans discernement est très préjudiciable aux progrès de l'arbre, et très souvent elle l'entraine à sa perte prématurée.

Cependant si, malgré tous nos soins, une ou plusieurs de ces six branches charpentières s'écartaient de cette ouverture de 1 m. 50 soit en dedans, soit en dehors, et qu'il y en eût, je suppose, de trop près les unes des autres, on devrait se servir d'un cercle en bois, d'une bride ou d'un arc-boutant, comme nous l'avons déjà prescrit, pour contraindre les branches charpentières à prendre et à suivre la bonne direction que nous nous

proposons d'obtenir progressivement pendant leur développement, attendu que ces six premières branches
mères **R** (*planche* 2, *fig.* 7), que nous venons d'organiser,
forment le deuxième et dernier fondement de la charpente de l'arbre en construction (*vu en plan, p.* 2, *fig.* 8).

L'on ne peut donc prendre, dès leur début, trop d'attention et trop de soin, pour les obtenir et les conserver
d'une régularité parfaite et capables de remplir chacune
leur mission jusqu'à l'entière formation de l'arbre; car
c'est sur elle que repose sa plus ou moins longue durée.

Troisième Taille.

La fig. 1, p. 3 représente l'arbre que nous venons de
tailler pour la troisième fois; sa tête se compose de six
branches mères formant le premier ordre, marquées A à leur
sommet, et de six branches latérales formant le deuxième
ordre et le premier étage autour de la circonférence de
l'arbre, marquées B.

Le bois nouveau des branches mères a été taillé, comme
l'an dernier, d'une longueur de 0^m 60, portant chacune
sur cette longueur huit yeux à bois de pousse qui produiront probablement pour l'arbre entier 48 bourgeons,
d'après l'ordre de la végétation ; ces bourgeons sont
toujours plus forts au sommet de la branche taillée
qu'à sa base, ce qui facilite l'organisation de l'arbre ;
ensuite les six branches latérales B, depuis leur naissance
jusqu'à leur sommet, ont été taillées de 0^m 40, portant
chacune sur leur longueur cinq yeux à bois de pousse
qui produiront trente bourgeons, et on devra veiller à la
conservation des supérieurs, qui doivent servir à la continuation de l'organisation de la charpente de l'arbre, les

obtenir d'une parfaite égalité par le moyen du pincement et supprimer les superflus et ceux qui se trouvent dans l'intérieur de l'arbre.

Nous répéterons ici, quoiqu'il en ait été déjà question, que, dans l'ordre général de la végétation de l'arbre soumis à la taille annuelle, les six branches mères **A**, placées sous la même direction, recevront chacune dans leur intérieur $8/10$ de sève, parce qu'elles portent sur leurs bourgeons huit yeux à bois; tandis que les six branches **B** qui forment le premier étage, ne recevront chacune par la même raison que $5/10$ de sève parce qu'elles ne portent que cinq yeux sur leur longueur; et la croissance de ces différentes branches est en rapport avec le volume de sève qu'elles reçoivent dans leur intérieur, et cette distribution ne peut avoir lieu que pour une taille combinée, telle que nous la prescrivons.

Ainsi, c'est par le moyen de ce principe que l'on favorise l'ascension proportionnelle de la sève dans chacune des branches de l'arbre, et ces branches, au fur et à mesure de leur élévation, donnent régulièrement de nouveaux bourgeons, avec lesquels on établit chaque année de nouveaux étages autour de la circonférence de l'arbre. C'est ainsi que les branches mères, en grandissant, nous donnent constamment de nouveaux rejetons, et la famille se multiplie annuellement; quand elle est bien élevée et bien organisée, la maison prospère; si au contraire elle est mal dirigée, elle tombe en ruine. Ainsi, point de partialité. Donnez, par le moyen d'une taille combinée, à chacune des branches de l'arbre qui forment cette grande famille et suivant le rang qu'elles occupent, la nourriture nécessaire à leurs besoins, alors l'ordre prospérera; mais si, par un mauvais gouvernement, vous donnez aux uns trop de nourriture et aux autres trop peu, la désorganisation de l'arbre s'ensuivra et cette désorganisation le conduira à sa ruine.

Quatrième Taille.

La quatrième taille ne diffère en rien de la troisième, il s'agit seulement du prolongement des six branches charpentières et des six branches latérales en rapport avec leur vigueur.

Cinquième Taille.

A la quatrième taille il n'a été question que du prolongement des branches mères et latérales; nous allons, à cette cinquième taille, tout en continuant le prolongement de ces mêmes branches, créer de nouveaux étages latéraux; les premières A du premier ordre (*pl. 3 fig.* 2) sont taillées comme les années précédentes à 0^m 60 de longueur, portant huit yeux de pousse ; les deuxièmes B du deuxième ordre sont taillées à 0^m 40, portant cinq yeux sur leur longueur; ces branches vont servir au prolongement des six branches charpentières et des six branches latérales que nous avons établies à la troisième taille; nous créons maintenant douze nouvelles branches latérales : six du deuxième ordre marquées C que nous taillons de 0^m 40, portant cinq yeux, et six du troisième ordre marqués D que nous taillons seulement de 0 m. 25 de largeur, portant trois yeux.

A cette taille nous avons laissé tous les yeux supérieurs en dehors, afin que l'arbre pût prendre le développement que nous nous proposons de lui donner. Mais si quelques-unes de ces branches se trouvaient trop près les unes des autres, ou trop en dehors, ou trop en dedans de la ligne que nous leur avons tracée, on devrait tailler sur un œil de pousse placé de manière à faire pousser le bourgeon du côté du trop grand vide, et on corrigera ainsi, par le moyen de cette taille combinée, le défaut occasionné par une pousse irrégulière. On peut également, par ce moyen, faire fermer ou ouvrir l'arbre à volonté et conserver dans toutes ses branches l'équilibre si nécessaire à sa forme régulière et à sa parfaite conservation.

Si un ou plusieurs bourgeons, qui doivent faire le prolongement des branches et des étages latéraux, étaient emportés par quelque accident fortuit, ou que leur végétation ne donnât qu'une mince et frêle pousse, il conviendrait en pareil cas de tailler sur un autre bourgeon plus vigoureux qui serait plus convenable et plus propice à la continuation de l'organisation de l'arbre en appliquant à ce bourgeon de remplacement une taille plus allongée qu'à l'ordinaire, pour donner le moyen à cette branche de rattraper dans une seule végétation la vigueur et la force des autres branches avec lesquelles elle doit rivaliser. C'est ainsi que l'on conserve la bonne organisation dans toutes les parties du sujet.

Règle générale pour toute espèce d'arbres en pleine terre. — Tous les étages latéraux placés autour de la circonférence de l'arbre doivent rigoureusement garder leur position respective; ainsi le premier étage ne doit jamais empiéter sur le deuxième et le deuxième sur le troisième et ainsi de suite jusqu'à l'extrémité de l'arbre; tous les étages, étant disposés de cette manière, jouissent tous ensemble des rayons solaires si nécessaires à leur accroissement; mais quand, par un mauvais gouvernement, le premier étage empiète sur le deuxième, ce dernier sur le troisième et ainsi de suite, la désorganisation est à son comble : gare alors aux fortes amputations et à la dégradation progressive de l'arbre entier; en outre, quand les branches des étages supérieurs recouvrent celles qui forment les étages inférieurs, ces dernières, n'ayant alors point d'issue, meurent insensiblement par le manque d'air et de soleil, et l'arbre se dégarnit du bas. Cette défectuosité très préjudiciable ne se présente que trop souvent dans les arbres mal dirigés.

C'est pour éviter ces graves inconvénients, que nous ne formons que tous les deux ans des étages latéraux de deuxième ordre; de cette manière, ils se trouvent être suffisamment espacés pour ne pas s'entremêler et se suffoquer les uns avec les autres. Nous évitons aussi ces fortes amputations qui ont lieu quand, l'arbre ayant grandi, ses étages se trouvent trop rapprochés; on est alors obligé d'en retrancher un grand nombre.

L'arbre étant maintenant parfaitement établi sur des bases fixes et une charpente régulièrement construite, il devient tout à fait inutile de faire la démonstration des tailles qui vont suivre. Ce ne serait qu'une répétition de la cinquième taille; car il ne s'agit maintenant que de faire grandir cet arbre, et de lui créer tous les deux ans un étage de plus, en lui laissant une branche de deuxième ordre comme celle marquée C, de la pl. 3, fig. 2, alternée sur la branche mère, tantôt d'un côté, tantôt de l'autre, comme à la planche 4, fig. 1; on allongera progressivement chaque année, en taillant toujours de la même longueur et avec la même quantité d'yeux de pousse, les branches mères charpentières, aussi bien que les branches du deuxième ordre, sur lesquelles on laisse pousser les branches tertiaires et sur celles-ci les quaternaires avec les proportions que nous avons indiquées à la cinquième taille.

Ainsi donc, les étages latéraux vont se former autour de la circonférence de l'arbre de deux ans en deux ans. L'année où l'on ne formera pas d'étage, on allongera seulement les branches principales, soit mères, soit latérales, et on continuera ainsi d'année en année jusqu'à l'entière formation de l'arbre qui deviendra, par le moyen de cette taille, très régulier dans sa forme et d'une constitution vigoureuse, enfin tel que vous le voyez à la planche 5.

Quand l'arbre est parvenu à son plus haut période, il n'a plus besoin que d'être émondé tous les quatre ou cinq ans pour lui supprimer tous les rameaux gourmands, superficiels et inutiles, ainsi que tous les bois malades ou morts. On le conserve par ce moyen dans un état de parfaite vitalité jnsqu'à la fin de sa carrière qui se prolonge ordinairement très tard.

Nous devons faire observer que si, dans nos plans des arbres en construction, nous avons dessiné les six branches sur le même plan, c'est afin que l'on puisse mieux voir et mieux comprendre la marche de notre taille pour chaque branche; car si nous avions dessiné les arbres tels que la vue de la nature nous les présente, les branches se seraient trouvées les unes derrière les autres; il y aurait eu confusion et par conséquent manque de clarté pour nos explications. La pl. 5, fig. 1 représente l'arbre à son plus haut période; tous les étages s'y trouvent placés distinctement; mais, pour éviter la confusion, nous avons été obligé de raccourcir les étages latéraux qui se trouvent entre les branches; voilà pourquoi, pour mieux nous faire comprendre, nous avons dessiné à la planche 4, fig. I une branche seule dont les étages sont également allongés de chaque côté et tels que nous les représentera la nature de l'arbre arrivé à son plus haut période.

SUPPRESSION DES FORTES BRANCHES

Les fortes coupures faites aux arbres par le retranchement des grosses branches leur sont toujours préjudiciables et on doit en faire le moins souvent possible. Mais, quand des raisons majeures y obligent, voici de quelle manière on doit opérer : on se sert d'un instrument bien tranchant avec lequel on commence par faire une entaille au-dessous de la branche qu'on veut enlever et rez du tronc N (pl. 4, fig. 2). Sans cette précaution, il arrive que la branche, se détachant par son propre poids avant son entière séparation, entraine avec elle une grande partie de l'écorce du tronc, ce qui est toujours très préjudiciable au sujet. Quand cette entaille est faite, on coupe par-dessus M et toujours rez du tronc : la branche étant séparée, on unit parfaitement la plaie qui doit être faite, nous le répétons, rez du tronc B (pl. 3 fig. 4), et, 'afin qu'elle se referme plus facilement, on la recouvre immédiatement avec de l'onguent de Saint-Fiacre, ou mieux du mastic à greffer dont nous allons bientôt donner la recette.

Quand on ne met pas du mastic sur la plaie, ou quand la coupure est mal faite, c'est-à dire, trop longue et qu'on laisse un chicot, le bois se détériore au contact de l'air, voyez A (pl. 4, fig. 4), la carie s'en empare, la plaie ne peut plus se cicatriser et quelques années après on trouve une cavité à la place du chicot : la carie a pénétré dans l'intérieur de l'arbre, et il découle constamment de cette ouverture une quantité de sève qui descend le long de la branche ou du tronc, en pourrit l'écorce et attaque même le bois, ce qui ruine la constitution de l'arbre et abrége sa durée.

ONGUENT DE SAINT-FIACRE

Cet onguent est tout simplement un mélange par portions égales de terre grasse ou argile et de bouse de vache fraiche, pétries ensemble à consistance de mortier. Ce mastic peu coûteux est employé pour couvrir les plaies, les contusions et les déchirures des écorces, les garantir du contact de l'air et accélérer leur cicatrisation. Nous devons observer que ce mélange offre moins de ténacité

que la cire à greffer; il se dessèche au soleil et souvent la
pluie l'entraîne.

Autre onguent bon et très simple que l'on fabrique
avec de l'argile et 1/5 seulement de ciment romain délayés
ensemble à consistance de mortier clair que l'on emploie
au même usage; il risque moins d'être emporté par la
pluie que le précédent.

MASTIC A GREFFER

On en fait de deux sortes; un pour être employé chaud
et l'autre froid; pour le premier, on fait fondre sur un
feu doux.

Poix de Bourgogne,	500 gr.
Poix noire,	125
Résine,	200
Cire jaune,	100
Suif de mouton,	50

Ce mélange s'emploie à chaud à l'aide d'un fourneau
portatif dans un état liquide, mais tiède seulement pour
ne pas nuire aux tissus de l'arbre; on l'étend sur la plaie
avec une spatule ou un pinceau.

DEUXIÈME MASTIC

On fait fondre :	Cire jaune,	500 gr.
	Thérébentine grasse,	500
	Poix de Bourgogne,	260
	Suif de mouton,	150

On doit laisser refroidir le mélange jusqu'au point
qu'on puisse le toucher; on en fait alors de petites boules
ou des bâtons. Pour s'en servir à froid, on en prend un
morceau qu'on rend ductile en le pétrissant entre les
doigts jusqu'à ce qu'il soit assez mou pour recouvrir

les plaies de l'arbre. Ces deux compositions résistent aux intempéries des saisons; elles sont aussi très propres pour les greffes en fente et en couronne.

CULTURE DE L'AMANDIER

Cet arbre, à tempérament robuste et vivace, puisqu'il vit des siècles, dont le bois n'est bon que pour le chauffage, résiste aux froids les plus rigoureux qui règnent parfois dans nos contrées méridionales sans que sa constitution en soit le moins du monde altérée. Il est généralement élevé, à haute tige et plein vent, et n'est cultivé en grand que dans une quinzaine de nos départements méridionaux, dans lesquels on en voit des forêts, et malgré la transition subite de notre température, ses produits font l'une de leurs principales récoltes. On a l'avantage avec lui, d'utiliser les terres qui ne sont susceptibles d'aucun autre produit. Il n'est donc pas difficile sur le choix du terrain; cependant ceux à nature trop argileuse et humide ne lui conviennent pas; à part ces derniers, il s'accommode de toutes les expositions et de tous les terrains : on le voit prospérer dans les lieux les plus incultes, dans les sols les plus arides, souvent même couvert de pierrailles et de cailloux où un autre arbre pourrait à peine vivoter misérablement. Enfin, on le plante généralement dans les terres légères, pierreuses, calcaires, croûetteuses, sableuses et marneuses. Cet arbre se plaît de préférence dans ces différentes terres, plutôt que dans les terres fortes, profondes et humides; mais ceux greffés sur pruniers qu'on plante dans quelques jardins, préfèrent particulièrement les terres franches, profondes et humides.

La plantation de l'amandier se pratique de différentes manières; on en forme des vergers où les arbres sont ordinairement plantés en lignes et en carrés dont la distance doit varier, suivant la nature du sol et des lieux, depuis 8 jusqu'à 11 mètres les unes des autres; on en fait aussi des avenues; on en plante sur les bords des champs, autour des grandes pièces complantées de vignes, de vergers, d'oliviers et le long des chemins. C'est ainsi qu'on utilise les terrains incultes. Ces arbres se nourrissent en grande partie dans les bords extérieurs de la propriété qui devient par ce moyen plus agréable, plus productive et augmente ainsi de valeur.

Nous observerons que les sujets, quand on les plante à demeure, doivent avoir 1^m 60 de hauteur et une grosseur de 0^m 023 à 0^m 025 millimètres de diamètre à leur sommet.

Quant à la plantation, on se conformera aux principes établis pour les autres essences. Nous ne reviendrons plus sur ce sujet déjà décrit; cependant nous devons dire ici que la plantation de l'amandier doit avoir lieu depuis la chute des feuilles jusqu'à la fin de décembre; mais jamais plus tard, à cause de la végétation très précoce de cet arbre qui épanouit ses fleurs dans le courant de janvier, quand l'hiver n'est pas rigoureux.

La nomenclature des amandiers propres aux plantations de ce genre n'est pas riche en variétés. Nous la reproduisons ci-dessous telle que nous la trouvons détaillée dans le catalogue que nous tenons de l'obligeance d'un pépiniériste de premier ordre, qui nous a servi assez souvent de règle pour nos diverses plantations.

1	Amandier commun à grande fleur,	Amygdalus communis grandi flora.
2	— — pendant,	— — pendula.
3	— à feuille panachée,	— foliis variegatis.
4	— à fleur double,	— flore pleno.

Ensuite :

1	Amandier commun, amande douce.
2	— à amande amère, dont on borde ordinairement les chemins.
3	— à coque tendre, le plus cultivé (pour dessert).
4	— à gros fruit, amande douce pour les confitures.

Dans nos contrées du midi les variétés d'amandiers portent des noms de localités ; il en est de même de beaucoup d'autres arbres et les amandes supérieures qu'ils nous produisent sont désignées comme il suit :

1 La princesse.
2 La mi-fine.
3 Les amandes dites à race, à coque dure.
4 — amères à coque dure.
5 — à bouquets ou à flot à coque dure.

Cette dernière variété doit être choisie de préférence, parce que l'arbre produit abondamment et qu'il a l'avantage de fleurir beaucoup plus tard que les autres ; ses fleurs et ses amandes sont par conséquent moins exposées aux gelées du printemps que celles des autres variétés à coque dure.

Le n° 1, dite princesse, est une amande précieuse qui s'expédie au loin ; à cause de sa coque tendre qui permet de la casser facilement avec les doigts, elle figure souvent sur nos tables quand, après la saison des fruits, nos desserts se font rares ; aussi est-elle toujours recherchée et son prix plus élevé que celui des autres espèces ; mais aussi elle demande beaucoup plus de soin que les autres à l'époque de la cueillette, qui doit se faire à la main au moment où la première enveloppe s'entr'ouvre, et comme elles ne sont pas mûres toutes en même temps, il faut revenir plusieurs fois au même arbre. Ensuite, on doit leur enlever une à une leur deuxième enveloppe, travail fort long et coûteux pour ceux qui en ont des quantités ; il est donc bien juste que son prix compense tant de soins minutieux.

Le n° 2, la mi-fine, est plus recherchée que les dures,

quoiqu'elle ne donne pas plus de travail pour la cueillette, qui se fait en l'abattant avec une longue perche, et bien que son prix soit inférieur à celui de la princesse; donnant moins de travail, elle rendrait presque autant.

De la pépinière.

L'amandier se multiplie facilement par le moyen de semis ; on soumet d'abord à l'incubation pour faire germer les amandes qui doivent servir à former la pépinière. A cet effet, on dispose dans un appartement quelconque, mais à l'abri du froid, une caisse en bois remplie de sable fin, tant soit peu humide, dans laquelle on enfouit la quantité d'amandes nécessaire au nombre d'amandiers que l'on veut obtenir; cette préparation devra se faire dans les premiers jours de janvier, et les premiers jours de mars les amandes sont prêtes à germer. On doit à cette époque les mettre immédiatement en terre dans un local propice et préparé d'avance. Mais pour obtenir la venue et la prospérité de cet établissement, nous devons faire observer qu'il doit être placé à une exposition méridionale et à l'abri du vent du nord; le terrain doit être de qualité moyenne, mais fertile, profond, calcaire ou sablonneux et à sous-sol perméable, mais pas trop riche en humus, effondré de 0 m. 50 de profondeur en ramenant les terres du fond à la surface, qu'on a soin d'ameublir progressivement par plusieurs légères cultures ; ensuite on aplanit toute la surface du terrain sur lequel on trace des lignes au cordeau, de 0^m 55 à 0^m 60 de distance sur tous les sens; et, au point où les lignes se croisent, on place une amande à 4 ou 5 centimètres de profondeur dans le sol ; la distance de 0 m. 55 à 0 m. 60 de l'une à

'autre est nécessaire pour ne pas endommager les racines en les déplantant et encore plus au développement
des arbres.

Comme, à cette époque de mars, le soleil commence à
faire sentir sa chaleur, si la terre se trouvait trop sèche,
il conviendrait de lui procurer une humidité suffisante
pour que la germination des amandes ne fût pas interrompue; on pourrait, au besoin, mettre une couche de
jonc ou de paille sur toute la superficie de la plantation,
pour maintenir la fraicheur intérieure. Pendant les mois
d'avril et mai suivants, on voit avec plaisir lever les
jeunes plants sur toute la superficie de la pépinière.

Au mois de mars, nous avons donc semé nos amandes,
qui doivent être prises de préférence dans les qualités
amères, parce que cette espèce vient sur un arbre sau-
vage et par conséquent plus robuste. Cinq mois après,
au mois d'août, les pousses se trouvent assez fortes pour
être greffées; on fait cette opération à l'écusson à œil
dormant, à une hauteur de 0 m. 10 cent. au dessus du
sol, sans couper le haut de la tige. Ce retranchement doit
s'opérer au mois de mars suivant au dessus de la greffe,
de manière que la plaie puisse se refermer facilement.
On pourrait, au besoin, continuer l'opération de la greffe
jusqu'au mois de septembre.

Les soins que réclame la pépinière pendant sa durée,
consiste à quelques légères cultures pour maintenir la
fraicheur intérieure et détruire les mauvaises herbes.
Si, néanmoins, la végétation des jeunes plants n'annon-
çait pas de la vigueur, on devrait, pendant le mois de novembre suivant, répandre une bonne couche de bon
fumier consommé sur toute la surface de la plantation
que l'on a le soin d'entretenir par une légère culture.
Ce stimulant active la végétation des sujets languissants
et ils ne vieillissent pas ainsi en pépinière, ce qui serait

funeste à leur prospérité; ils sont plus vite formés et propres à être plantés à demeure.

La deuxième année, dans les premiers jours de février, on supprimera avec un outil tranchant les pousses latérales venues le long de la tige de chaque sujet, et on répètera cet ébourgeonnement chaque fois que les plants le réclameront; ensuite, il est très urgent de donner des tuteurs aux arbres faibles, pour les maintenir droits et les préserver des ravages des vents. Les tuteurs s'enfoncent dans la terre près de la tige; on les relie ensemble par un lien quelconque garni d'un vieux chapeau pour le garantir du frottement contre le tuteur, ce qui lui serait nuisible. Quant à ceux qui n'ont pas de tuteur, on doit toujours les diriger de manière à ce qu'ils soient droits.

Quand les plants ont acquis la hauteur de 1 m. 60 et le diamètre de 0 m. 23 à 0 m. 25 millim., ils sont alors propres à la plantation à demeure, et on doit, en les arrachant, agir avec précaution pour n'endommager les racines que le moins possible, ce qui facilite beaucoup la reprise de l'arbre.

Culture de l'amandier.

Ordinairement, les plantations d'amandiers ne s'effectuent, sauf quelques cas exceptionnels, comme nous l'avons déjà dit, que dans nos plus mauvais terrains, qu'on peut classer hardiment à la quatrième qualité des terres labourables, dont les substances alimentaires peuvent à peine suffire à la nourriture de l'arbre; et, malgré son existence précaire, la plupart de ceux qui les cultivent se bornent à lui donner, par commisération, un seul labour par an. Cette simple culture n'est pas suffisante à la prospérité de la plante; cet arbre a besoin de soins plus assidus pour prospérer convenablement. Il est positif que, quand on le soigne, sans prodigalité cependant, mais avec attention, ses produits sont abondants ; mais s'il ne reçoit jamais les cultures nécessaires pour lui donner le moyen de pousser vigoureusement et de nourrir son fruit jusqu'à fin août, époque de la maturité, il en résulte alors que la terre, n'étant pas suffisamment cultivée, se dessèche et se durcit considérablement, surtout pendant les fortes chaleurs de l'été. Les racines se trouvent, par ce manque de soins, renfermées sous le sol et privées du secours des agents de la végétation les plus actifs ; la sève alors s'affaiblit et ralentit son action ; la végétation est mesquine et rabougrie. L'arbre se trouvant alors dans un état de marasme et de décadence, ne peut produire qu'un fruit de mauvaise qualité et de peu de valeur. Voilà à peu près la situation de cet arbre dans le midi de la France.

Il est incontestable que plus la terre est cultivée, plus elle devient souple, perméable aux agents de la végétation, ainsi qu'aux racines de la plante. Elle conserve en été plus longtemps sa fraîcheur intérieure et il pousse moins d'herbes parasites, très nuisibles à la prospérité de l'arbre.

Bien des cultivateurs et propriétaires prétendent que l'amandier ne demande pas grand soin et qu'il peut réussir sans trop se mettre en peine de lui ; ces gens-là sont grandement dans l'erreur. Il est évident qu'une seule culture ne peut pas lui convenir ; elle n'est pas suffisante à sa prospérité. Il est urgent qu'on lui prête un peu plus de soin ; il lui faut au moins trois labours dans le courant de l'année : le premier doit avoir lieu en mars, le deuxième en mai et le troisième en juillet.

Ainsi l'amandier, quoique robuste, qu'on ne s'y trompe pas, est constitué comme la généralité des autres arbres ; quand on a pour lui les égards convenables à son espèce, il est très reconnaissant envers son maître, et si on lui apportait un peu d'engrais, il donnerait alors des récoltes très abondantes, bien entendu sans cas fortuits ; et, pour venir à l'appui de ces assertions, nous citerons ci-dessous ce que nous avons vu et ce que tout le monde peut voir comme nous.

Nous avons ici, dans le département des Bouches-du-Rhône, une certaine étendue de pays tels que Lafare, Salon, Lançon, Pélissane, Lamanon, Rogue...., dans laquelle on ne voit que forêts d'amandiers plantés en vergers dans des terrains de deuxième et troisième classe. Ces terrains sont sillonnés par des canaux d'irrigation à l'aide desquels on pourrait facilement récolter dans ces terres la luzerne, le foin, la garance, le blé, l'avoine, etc., enfin exploiter les champs de tout autre manière plus productive que l'amandier ; car souvent, à cause des intempéries des saisons, la fleur et même le fruit développés de cet arbre, sont sujets à être grésillés par les gelées tardives du printemps. Mais les habitants de ces contrées sont habitués à ce genre de culture de père en fils depuis des siècles, et la récolte des amandes, ordinairement très abondante, fait l'une des principales ressources de chaque année. Ils cultivent de préférence les amandes fines et les mi-fines, et il est à croire que s'ils ne trouvaient pas leur compte en exploitant leurs terrains de cette manière, ils n'auraient pas attendu jusqu'à ce jour pour entrer dans la voie de l'amélioration en changeant de culture. Nous devons, toutefois, observer que la méthode suivie dans ces localités pour conduire leurs amandiers, est basée, en quelque sorte, sur des principes vrais et bien préférables à celle d'un grand nombre d'autres pays que nous avons parcourus, soit relativement à la taille qui est le plus près de la véritable ; mais ce n'est absolument qu'une taille de production qu'on pratique très souvent trop abondante, qui épuise l'arbre et nuit à son progrès. Mais la taille d'organisation, si nécessaire à son développement progressif, n'est pas du tout suivie; soit sur les divers autres soins que les arbres réclament annuellement, qui leur sont appliqués avec une grande et religieuse attention. Ils vont même jusqu'à enlever, avant l'hiver, une partie de la terre qui couvre les racines du sujet, pour que l'intensité du froid puisse facilement intercepter et retarder la végétation trop précoce de cet arbre et garantir, par ce moyen, les fleurs et les fruits des gelées tardives, et les mener ainsi à bonne fin. Cependant, cette opération hasardeuse a besoin d'être faite avec précaution, car les racines trop découvertes pourraient bien devenir la proie des gelées d'un hiver trop rigoureux. A ce propos, nous croyons utile de vous faire part d'un fait qui s'est passé sous nos yeux. En faisant pratiquer un fossé sur le bord d'une de nos propriétés, on amoncela de la terre à une hauteur de 0 m. 50 contre le pied de deux amandiers dont les troncs, à leur base, avaient plus de 0 m. 15 de diamètre; cette partie des troncs se trouvant ainsi recouverte pendant huit mois, devint tendre et spongieuse comme les racines mêmes. Pendant l'hiver suivant, notre cultivateur enleva cette terre du pied des arbres sans autres réflexions ni notre consentement. Un froid de cinq degrés Réaumur se déclara immédiatement et fit périr radicalement nos deux amandiers. Voilà ce qui pourrait arriver aux racines qui auraient été trop découvertes.

Il est positif que l'amandier, à égalité de terrain et de soin, est au moins autant productif que le mûrier, l'olivier et les autres arbres fruitiers; mais malheureusement, dans un grand nombre de localités, la généralité de ces arbres est pour ainsi dire abandonnée, et ils sont considérés comme des enfants perdus. Voilà pourquoi la majorité de ces arbres ne produit que médiocrement et souvent de mauvaises amandes. Ainsi pour bien récolter, il faut soigner la plante convenablement, soit par des cultures réitérées, soit par des fumures, quand la terre est épuisée.

Préliminaire de la greffe.

Quand on ne peut pas soi-même faire sa pépinière, il faut faire tout son possible pour se procurer de bons plants de bonne espèce. Si cependant, malgré tous ces soins, il arrivait qu'il y eût, parmi le nombre, des arbres qui ne portassent pas de bons fruits, il ne faudrait pas nourrir plus longtemps cet arbre stérile, et, sans attendre davantage, on peut le greffer au dessus de la couronne avec un plein succès, et voici de quelle manière on procède : A l'époque de la taille, qui a lieu dans le courant des mois de novembre et décembre, attendu que cet arbre épanouit très souvent ses fleurs dans le courant de janvier, on ravale ses branches et on leur enlève, par ce retranchement, à peu près la moitié de leur longueur, et on supprime, en même temps, tous les menus bois qui se trouvent sur toute la surface de l'arbre, en les coupant proprement et ras des branches. Pendant la belle saison qui suit l'opération, l'extrémité de ces branches amputées se couvre de pousses nouvelles et vigoureuses ; on enlève toutes celles qui sont superflues, et, pendant la première quinzaine de juin, la greffe à écusson ou à anneaux à œil poussant, sera appliquée comme nous allons l'expliquer, sur les bourgeons qu'on a conservés aux extrémités des branches amputées, et qui doivent régénérer l'arbre. Cette époque est la plus convenable pour greffer l'amandier, attendu que cet arbre n'a plus de sève en circulation le plus souvent au mois d'août suivant. Quand on est privé de pluie pendant les fortes chaleurs, ce qui arrive très souvent dans nos contrées, cette opération de la greffe ne doit pas être retardée sur un arbre à mauvais fruits ; car plus on retarde, plus on perd de bonnes récoltes. En outre, l'arbre déjà grand redoutant davantage, comme tous les autres arbres, les fortes amputations, l'opération pourrait ne pas réussir.

Certains propriétaires, pour être sûrs d'avoir les espèces qu'ils désirent, ont la coutume de greffer toujours de cette manière leurs amandiers à demeure, la troisième année de leur plantation. Mais ce genre de greffe a l'inconvénient de retarder l'organisation et l'époque de la production.

Greffe à écusson, à œil poussant.

Cette greffe se fait dans la première quinzaine de juin, comme nous l'avons déjà dit, sur les bourgeons ligneux et herbacés qui ont poussé après le ravalement fait en décembre. L'écusson est une petite plaque triangulaire d'écorce dont la longueur est double de la largeur, qu'on prend sur un jeune bourgeon provenant d'un sujet sain et vigoureux, bien entendu, de l'espèce qu'on veut multiplier, au milieu de laquelle se trouve un œil ou bouton de pousse bien constitué, placé à l'insertion du pédicule d'une feuille que l'on supprime, en conservant cependant une partie du pédicule, qui donne le moyen de tenir l'écusson entre les doigts et en facilite la pose, comme nous allons l'expliquer. On doit se servir du bourgeon sur lequel on prend la greffe immédiatement après l'avoir sevré ; cependant, si on devait retarder l'opération de quelques jours, on pourrait le conserver en plongeant son extrémité inférieure dans l'eau et à l'ombre, jusqu'au moment de l'opération. Ensuite, on fait sur l'écorce du sujet, à l'endroit où l'on veut poser l'écusson, deux incisions pénétrant jusqu'au bois, l'une horizontale, et l'autre verticale en forme d'un T allongé; puis on détache et on soulève les deux lèvres de l'incision verticale et on y introduit l'écusson V qui doit être enlevé sans être trop vidé; il doit exister au dessous un brin seulement d'une matière verdâtre et molle que l'on appelle cambium, qui doit faciliter sa reprise; sans cette condition, on doit le mettre au rebut. Ensuite on rapproche les bords ou lèvres de l'écorce, de manière que la greffe soit enfermée; on ligature le tout avec un fil de laine sans trop serrer, excepté l'œil qui doit rester en plein air. On supprime immédiatement le bois à un centimètre au dessus de la greffe et en même temps les rameaux inférieurs qui sont sur le sujet. Après la reprise de la greffe et du moment que l'œil se développe en bourgeon, ce qui a lieu de 15 à 20 jours après l'opération, on desserre la ligature et on soigne sa végétation. Quand elle est trop fougueuse. on pince l'extrémité pour le préserver d'être décollé et emporté par le vent. Ordinairement, après l'opération de la greffe, l'arbre se couvre de bourgeons extraordinaires qui poussent à travers son écorce dans toutes ses parties et même sur le tronc, on devra les supprimer au fur et à mesure qu'ils se montreront, pour que la greffe seule profite de toute la sève des racines.

De la greffe à anneau, à œil poussant.

Cette manière de greffer ne diffère de la précédente que par l'écusson qu'on remplace par un anneau, qu'on applique sur le bois du jeune sujet que l'on veut régénérer. Cet anneau n'est autre chose qu'un petit tuyau d'écorce long de 3 à 5 centimètres, muni d'un ou deux yeux à

bois qu'on enlève par une coupe circulaire sur un bourgeon pris sur le sujet qu'on veut multiplier, on en fait
autant sur le bourgeon qu'on veut greffer. L'un et l'autre
doivent être de même dimension pour que le tuyau d'é-
corce s'ajuste parfaitement dans la place qu'on lui a faite,
et que la base coïncide parfaitement, comme si le bourgeon du sujet dépouillé était revêtu de sa propre écorce.
Si on craint que l'affluence de la sève dérange la greffe ou
l'anneau de leur place, on laisse dépasser le bois d'un
centimètre au dessus de l'anneau, contre lequel on lie
quelques tours de fil pour le retenir.

Taille d'organisation de l'amandier.

La taille d'organisation de l'amandier en pleine terre
n'est malheureusement pas mieux comprise aujourd'hui
que celle des grands arbres que nous avons traitée précédemment ; la généralité des amandiers se trouvent placés dans des positions déplorables. On ne voit chez eux
que mutillation, chicots, ergots, onglets et désorganisation totale. Avec la moindre attention, tout le monde
peut se convaincre de cette vérité ; mais l'arbre a toujours
tort, et ceux qui le massacrent ont toujours raison. Admettons que le sujet reçoive annuellement tous les soins
qu'il réclame pour sa prospérité soit en culture, soit en
fumure, et qu'à la suite de tous ces soins, il soit constamment et impitoyablement mutilé par une taille inin-
telligente et sans principes, comme c'est habituellement
l'usage chez nos prétendus tailleurs d'arbres, il en résultera alors que les relations intimes qui doivent toujours
exister entre les racines et les rameaux seront constamment interrompues et l'arbre sera frappé d'inertie et ne
pourra plus fonctionner que péniblement et misérable-

ment, à cause de la perte de sève qu'il aura faite par les nombreuses plaies dont il sera couvert dans toutes ses parties.

Pour que l'amandier jouisse de toutes ses facultés végétatives et productives, il convient d'abord de lui apporter annuellement tous les soins qu'il réclame soit en culture, soit en fumure, principalement pendant son jeune âge, et puis une taille d'organisation et de concentration, pour qu'il résiste plus facilement aux secousses des vents et aux charges plus ou moins abondantes de son fruit. On ne doit donc viser, pendant ses premières années de plantation, qu'à obtenir l'amandier organisé d'après les principes que nous avons démontrés précédemment, et on doit n'exiger de fruit que quand il est parfaitement formé ; les fortes récoltes pendant son enfance le rendent rachitique, malingre et rabougri, et abrègent son existence. Il est donc très essentiel d'obtenir l'arbre avant le fruit ; mais la plupart des cultivateurs veulent récolter avant d'avoir l'arbre organisé ; c'est ainsi qu'on prolonge son existence et qu'on le conserve sain et vigoureux jusqu'à sa dernière limite. Malheureusement, le plus grand nombre ne suit, à son égard, aucune règle, aucun principe d'ordre ; tout le monde est avide de récolter, malgré que l'arbre soit dans son enfance et nullement formé, soit de fruit, soit de bois. La taille n'a lieu qu'idéalement tous les deux, trois, quatre et même cinq ans, toujours avec la prétention de récolter plus de fruits et plus de bois, pour avoir de bons fagots, comme ils disent vulgairement. Enfin cet arbre est tellement mal conduit, que quand on le taille, on ne se rappelle plus l'année où avait été faite la précédente taille.

Ainsi, comme nous l'avons déjà dit, l'amandier vit des siècles, mais quand il est bien conduit, bien organisé, entretenu convenablement, quand on ne veut pas trop exiger de lui et qu'il n'est pas violenté constamment par

de fortes et nombreuses amputations qui ruinent sa constitution et abrègent ses jours.

La taille d'organisation de l'amandier, d'après nos principes, convient à tous les arbres en pleine terre, vu qu'elle
est basée sur des principes vrais et invariables. Cette taille
doit avoir lieu annuellement depuis la première taille
jusqu'à la huitième, c'est-à-dire pendant huit années
consécutives. On a ainsi le temps d'organiser la charpente
de l'arbre dans un sens vertical, et ses branches secondaires et tertiaires, distancées entre elles de 50 à 60 centimètres, forment des étages latéraux autour de la circonférence de l'arbre, de manière que la forme de l'arbre
soit constamment ronde, enfin pas plus haute que large
(*planche* 6, *figures* 1 et 2). On a ainsi la faculté de la tailler
et de récolter son fruit sans aucun des inconvénients aux-
quels on est exposé quand on le laisse croître à volonté et
qu'il prend des proportions démesurées. Pour les détails
d'organisation, nous devons nous en rapporter, depuis sa
première taille jusqu'à son entière formation, aux articles
précédents pour la taille des grands arbres, avec la seule
différence qu'ici on crée des étages toutes les années.

Nous devons seulement observer que, comme cet arbre
ne s'élève pas à plus de 6 mètres à son plus haut période
à partir de la couronne, son ouverture intérieure ne doit
pas dépasser 2 mètres 50.

Vient ensuite la taille de la production, avec laquelle
on règle la fructification, d'après l'état de vitalité du sujet,
sans nuire à son développement.

Taille de production.

La taille de production de l'amandier est indispensable

à sa prospérité ; elle doit avoir lieu tous les deux ans après que l'arbre a été parfaitement organisé. L'on règle, de cette manière, la fructification, et l'on aide ainsi l'arbre à produire tous les fruits qu'il est susceptible de nourrir jusqu'à parfaite maturité. Les coupures doivent être faites, comme toujours, proprement et régulièrement, pour qu'il ne reste sur les sujets, après l'opération, ni bois inutiles, ni malades, ni morts, ni chicots, ni ergots... tous ces restes de bois nuisent à la prompte cicatrisation des plaies et à la prospérité de l'arbre.

L'amandier se compose de branches à bois avec lesquelles est formée la charpente de l'arbre, d'après nos principes déjà démontrés, et de rameaux à fruits qui produisent les amandes. Ces derniers doivent être éclaircis quand ils sont en trop grand nombre, attendu qu'une trop grande abondance de récolte rendrait l'arbre rachitique et nuirait à son développement ; on conserve par ce système l'équilibre qui doit toujours exister entre les racines et les rameaux ; l'on prolonge la durée de l'arbre et on le dispose à produire régulièrement, tous les deux ans, des fruits bien nourris et de premier choix. Nous ferons observer que, de toutes les opérations dans la culture des amandiers, la taille est la plus importante ; quand elle est négligée ou faite sans principes, elle nuit à la prospérité de l'arbre en le dégradant et diminue sa fructification.

Il convient de savoir que les rameaux de l'amandier, comme ceux de la généralité des arbres à noyau, ne produisent de fruits qu'une fois au même endroit ; ce ne sont jamais que les nouvelles productions qui donnent du fruit l'année suivante.

La récolte de fruits, que l'amandier produit plus ou moins abondante, règle l'opération de la taille ou émondage. Quand la récolte a été abondante, l'arbre se trouve fatigué et épuisé par le grand nombre de fruits qu'il a produits ; il convient alors de lui supprimer, sans nuire à son organisation, un plus grand nombre de bois vieillis et devenus stériles, pour qu'il répare ses forces épuisées et qu'il reproduise de nouvelles et vigoureuses pousses fruitières, et de nouvelles bifurcations dans toutes ses parties qui nous donneront, deux ans après l'opération, une nouvelle et abondante récolte. Mais si, au contraire, par cas fortuit, l'arbre n'avait produit que très peu de fruits, à la suite de brouillards ou d'une gelée blanche pendant la floraison, alors on devra être réservé et prudent pour cette opération ; il ne lui convient qu'un simple élagage pour ne pas nuire à la récolte suivante.

Conduit d'après ces principes, l'amandier conservera toujours sa vigueur et sa prospérité en nous donnant, tous les deux ans, d'abondantes récoltes, jusqu'à ce que le temps, qui n'épargne rien, vienne lui imposer sa dure loi de mort !...

De l'Ébourgeonnement.

L'ébourgeonnement pour l'amandier est une opération indispensable et trop souvent négligée ; cet arbre, après la taille, pendant sa végétation et surtout pendant sa jeunesse, pousse à travers l'écorce dans toutes ses parties et même sur le tronc, une quantité plus ou moins grande de bois gourmand que l'on doit supprimer le plus tôt possible, attendu que ces bois atteignent souvent plus de deux mètres de hauteur, cela dépend de la plus ou moins bonne disposition de l'arbre, et absorbent par leur position directe et verticale, une grande quantité de sève, au détriment des bonnes branches qui organisent l'arbre ; quand elles ne sont pas supprimées en temps opportun et qu'on les laisse subsister sur l'amandier pendant quelques années, comme on le fait habituellement, elles ont

bientôt formé un nouvel arbre et la confusion se trouve à
son comble.

De l'Échenillage.

Le printemps est l'image de la résurrection ; la nature
se réveille et sort de son engourdissement ; quand la chaleur du soleil a suffisamment échauffé les airs et pénétré
la terre, des milliers d'insectes sortent de son sein pour
propager leur race ; cette saison est l'époque de leur
régénération. Un grand nombre de papillons de diverses
natures voltigent dans les airs et chacun a l'instinct de
chercher et de connaître la plante sur laquelle il lui convient de déposer ses œufs pour qu'à la suite de l'éclosion,
l'insecte naissant trouve une nourriture de son goût et
convenable à sa prospérité ; le papillon de l'amandier
dépose donc, dans le mois d'avril, sur les branches et
même sur le tronc de cet arbre qu'il préfère, une quantité d'œufs plus ou moins prodigieuse, de la couleur et
de la grosseur de la graine du ver à soie, placés avec
art et collés les uns à côté des autres, toujours à l'exposition méridionale et à l'abri du vent du nord ; au bout
de quelques jours l'éclosion a lieu à l'aide de la chaleur du
soleil ; chaque œuf produit une chenille, appelée par les
entomologistes : *cruca-amygdalina*, insecte de l'ordre de
l'épidoptère ; cette chenille fait ordinairement dans les
mois d'avril et de mai de grands ravages à cet arbre en le
dépouillant de ses feuilles ; ce désastre ébranle sa constitution et la récolte d'amandes est perdue complètement ;
quand elles sont en très-grand nombre et qu'elles ne sont
pas repues après la dévastation de l'arbre, elles changent
de domicile, grimpent sur l'amandier le plus voisin et
continuent ainsi leurs ravages jusqu'à leur entière formation. Pour préserver l'arbre de ce fléau redoutable, il fau

opérer en temps opportun l'échenillage ; de suite après l'éclosion des œufs, ce qui a lieu vers la fin d'avril et les premiers jours de mai, suivant la température plus ou moins chaude de la saison, l'agriculteur intelligent doit surveiller ses amandiers ; quand le soleil brille à l'horizon, les chenilles se dispersent et grimpent sur toutes les parties de l'arbre pour prendre leur nourriture, mais elles ne manquent jamais, pendant les premiers quinze jours de leur existence, de se rassembler et de se grouper côte à côte au lieu de leur naissance, avant le coucher du soleil ; on les trouve alors réunies sur le sommet du tronc ou sur l'une des plus grosses branches, recouvertes d'une espèce de duvet ou tissu d'araignée qu'elles filent, et toujours à l'exposition méridionale, pour se garantir du froid de la nuit ; on les trouve ainsi réunies avant le lever du soleil ; on les atteint facilement et on les brûle à la flamme ou on les écrase toutes ensemble dans un seul coup, c'est ainsi qu'on délivre l'arbre de leurs dents meurtrières,

Si on ne profite pas pour les tuer du temps où elles se rassemblent pour passer la nuit, l'opération devient plus difficile, car dès que ces chenilles ont acquis une certaine grosseur et que la température est devenue plus chaude, elles ne se rassemblent plus comme nous venons de l'expliquer ; elles restent constamment dispersées sur l'arbre ; s'il est de grande dimension, on ne peut plus les atteindre et elles continuent leurs ravages jusqu'à ce que l'arbre soit entièrement dépouillé de ses feuilles. Quand l'arbre est petit, on peut encore les détruire en secouant fortement ses faibles rameaux ; une grande partie tombe alors à terre et on les écrase avec le pied.

Ce papillon fait bien plusieurs pontes dans le courant de la belle saison ; mais, dans ce cas, il choisit de préférence les petites plantes de son goût pour déposer ses œufs : telles que les choux, navets, capriers, etc.; avec les chaleurs, cet insecte fait des progrès rapides et, quand on néglige l'échenillage, les plantes sont bientôt dévorées.

L'amandier est encore exposé à d'autres ravages, principalement ceux qui bordent les terres, les chemins ou qui avoisinent les cités ; leurs jeunes et tendres fruits, quoique agrestes, sont constamment exposés aux ravages d'une certaine classe de jeunes gens des deux sexes qui en sont gourmands : ils dépouillent sans scrupules, le soir et même en plein jour, une grande quantité d'amandiers ainsi plantés, et quand il échappe quelque amande à leur avidité, dès que la coque est formée après le 24 juin, ils ne manquent pas de rapiner le restant aussi tranquillement que si ces arbres leur appartenaient. On ne peut guère garantir l'amandier de cette destruction annuelle. Quand cela a lieu, on ne peut s'adresser pour cela qu'aux autorités locales, principalement aux gardes champêtres qui très souvent ne portent pas assez d'attention et de surveillance pour faire respecter la propriété publique.

Du Pistachier.

Cet arbre, de la même famille que le précédent, prospère parfaitement dans les terrains de très médiocre condition ; il est donc très avantageux de le cultiver. On utilise ainsi très souvent des terrains qui resteraient incultes, dans lesquels aucune autre plante ne pourrait prospérer ; il est donc à regretter que la culture de cet arbre si intéressant, si utile et si rustique, soit généralement négligée ; il résiste cependant aux plus fortes gelées qui règnent parfois dans nos contrées méridionales et à la suite desquelles le figuier et l'olivier succombent.

Nous engageons donc les propriétaires agriculteurs de propager la culture de cet arbre si précieux et si productif pour nos contrées. **Pour** plus amples informations, et à titre d'encouragement, nous allons nous en rapporter aux détails que nous trouvons imprimés dans le précieux *Journal de l'horticulture provençale*, page 21, par **M.** Salze, directeur du jardin des plantes à Marseille.

Voici les communications de cet habile et profond arboriculteur et botaniste, que je reproduis ci-dessous, dans lesquelles les agriculteurs pourront puiser tous les renseignements désirables et utiles à la culture et à la multiplication de cet arbre précieux dont le mérite est peu connu :

« En parlant du pistachier, je ne viens point proposer des théories plus ou moins probables, des expériences à faire ; je ne viens point présenter un traité sur sa culture, d'autres l'ont fait, et particulièrement **M.** Lardiers, dont un bon mémoire sur la culture de cet arbre en province a été inséré dans les annales d'agriculture ; je viens seulement exposer des faits et mettre sous les yeux du lecteur les résultats positifs d'une longue expérience et le chiffre du bénéfice qu'elle a produit :

Quatre pistachiers sont utiles pour leurs produits :

1° Le pistachier terébinthe, originaire de l'île de Chio ; il produit le véritable térébinthe de commerce. Cet arbre peut atteindre de très grandes dimensions ; voici ce que **M.** Costagne, notre compatriote, botaniste distingué, et mon ami, m'écrivait de Constantinople, en 1815 : « L'on conçoit à Constantinople quel peut être le térébinthe d'étronc dont parle l'historien Joseph ; cet arbre n'est point ici un simple arbrisseau, comme vous l'avez vu aux environs de Marseille, deux de ces térébinthes plantés dans une promenade de Constantinople ont un tronc de six pieds ou deux mètres de diamètre, bien sains, sans aucune anfractuosité. »

2° Le Pistachier lentisque ou lentistique, nommé pétélin à Marseille ; on voit à l'extrémité de ses rameaux de longs et gros bédégars, résultat de la piqûre du cynips. Cet arbre se trouve en Provence, en Italie, en Afrique, et dans l'ile de Chio, où il fournit par incision un suc appelé mastic employé en médecine ; ses baies donnent une huile bonne à brûler et à manger ; sous ce rapport, cette espèce pourrait devenir utile chez nous.

3º Le Pistachier atlantique, qui diffère très peu des pistachiers de Narbonne, croit en Barbarie, dans les lieux sablonneux, arides, où il donne un suc résineux qui durcit à l'air, que l'on distingue difficilement du mastic oriental et sert aux mêmes usages.

4º Le Pistachier commun, le vrai Pistachier qui donne la pistache. Il fut transplanté par Vitellius, de la Syrie en Italie, d'où il s'est répandu en Espagne, en Provence, en Languedoc et ailleurs. Cet arbre est trop connu à Marseille pour qu'il soit nécessaire de faire la description de ses feuilles, de ses fleurs et de ses fruits qui, pleins ou vides, ont, depuis un temps immémorial, le privilége de paraître en bouquet à notre marché ou foire de saint Jean. Tout le monde connaît le prix toujours assez élevé des pistaches que l'on mange fraîches, sèches ou en dragées et qui entrent dans plusieurs préparations de l'office; mais on ignore souvent que la pistache contient un principe farineux et une huile grasse, dont l'émulsion est bien plus adoucissante et calmante que l'amande douce. Si on ajoute à ces avantages que présente la pistache, que l'arbre qui la produit est un des plus rustiques, qui ne demande aucune culture, point d'engrais, point de taille, que ses récoltes qui se vendent toujours bien n'ont pas à craindre de nos hivers, on sera surpris de le voir négligé ou planté seulement par souvenir, lorsqu'il devrait être regardé comme un arbre de très bon produit que l'on ne saurait trop multiplier.

Mais venons aux faits que j'ai promis et qui m'ont été fournis par le bon et digne M. Meynier, qui a bien voulu répondre à toutes mes questions avec une patience, une

complaisance dont je ne puis trop le remercier et lui té-
moigner ici ma reconnaissance; c'est par une persévérance,
dont les exemples ne sont que trop rares, que **M.** Meynier
a prouvé que l'on pouvait faire du pistachier à Marseille,
comme ailleurs, un objet de plantation très-productif.

Le Pistachier était répandu dans nos campagnes, mais
personne ne songeait à faire de cet arbre un objet spécial
de revenus, lorsque en 1834, il y a dix-huit ans, **M.** Meynier eut l'heureuse idée de semer des pistaches et prit la
ferme résolution d'en poursuivre obstinément la culture ;
son travail passa d'abord inaperçu, mais bientôt parents,
amis, valets, rirent des peines et des soins qu'il prenait.
Plus tard, sa persévérance fut jugée entêtement, folie.
M. Meynier continua ni plus ni moins ses semis, ses
transplantations ; cependant il rencontra tant d'opposi-
tion qu'il dut parler en maître pour poursuivre ses opérations ; il fit greffer les sujets qu'il avait obtenus et qu'il
avait fait planter, çà et là, tantôt en bosquets, tantôt en
allées, sur divers points de sa propriété, au quartier St-
Louis, dans un sol tout calcaire ; il obtint quelques pistaches qui furent employées à faire de nouveaux semis ; les
difficultés de réussir les greffes et les pistaches qu'avaient
donné des arbres non greffés portèrent **M.** Meynier à ne
plus vouloir de cette opération ; c'est alors qu'il fut traité
d'ignorant en agriculture, de novateur extravagant ; les
jardiniers qu'il n'appelait plus pour greffer les pistachiers
et son paysan même le regardaient comme insensé : Que
peuvent donner, disaient-ils, des pistachiers non greffés?
L'expérience a montré qu'ils peuvent donner de belles et
bonnes pistaches, comme les pistachiers greffés ; il est
donc bien prouvé que le pistachier venu de semis n'a pas
besoin de la greffe. Des personnes qui ne sont pas étran-
gères à l'agriculture et qui ont vu les pistachiers en Syrie,
à Smyrne, à Alep, m'ont assuré qu'on ne les greffe pas.

Les semis de pistaches sont la chose la plus simple à

faire. **M.** Meynier semait en septembre ou en mars, et le semis réussit également bien, il sème en pépinière ou en place après avoir bien défoncé la terre. Le semis en place est toujours à préférer, parce qu'on ne dérange plus le jeune arbre ; ses racines et son pivot restent intacts. Quand on enlève les jeunes pistachiers de la pépinière à l'âge de trois ans, on doit creuser profondément et largement pour amener racines et pivot dans leur entier, on ne doit jamais laisser exposés au soleil, au vent, les jeunes sujets que l'on vient d'arracher, on doit les placer au fond de leur fosse large et profonde sans délai, immédiatement après qu'ils ont été arrachés; les racines seront soigneusement garnies de terre fine pas trop humide. Une fois cet arbre bien planté, on n'a plus à s'en occuper, il ne demande plus aucun soin, il ne craint que trop d'humidité ; les pistachiers peuvent être transplantés dès qu'ils ont naturellement et totalement perdu leurs feuilles.

En principe, **M.** Meynier faisait greffer à quatre ou cinq ans d'âge ses pistachiers semés en place ou transplantés, et l'arbre fructifiait quatre ou cinq ans après qu'il avait été greffé ; les pistachiers non greffés ont commencé à produire à huit ou dix ans d'âge. Ainsi, que l'on greffe, que l'on ne greffe pas, le pistachier ne commence à porter que huit ou dix ans après sa naissance ; la greffe n'est donc pas nécessaire, elle ne peut être utile que pour multiplier les arbres mâles ou pour transformer en arbres productifs les pistachiers sauvages, tels que le térébinthe, le lentisque ou pételin que l'on trouve dans nos collines, nos bois de pins et ailleurs ; mais il sera toujours plus sûr de semer en place dans de bonnes conditions que de prendre tout autre moyen.

M. Meynier nous a assuré que depuis dix-huit ans qu'il soigne les pistachiers, il n'a jamais vu qu'ils aient souffert du froid dans aucune de leurs parties ; ils fleurissent en mars ou avril, parfois plus tard ; le froid tardif ne leur est point nuisible.

Plusieurs personnes nous ont dit que les pistachiers étaient sujets à une maladie subite qu'on nomme *coup de soleil*. **M.** Meynier nous a confirmé ce fait ; les feuilles d'une ou plusieurs branches fanent subitement, sèchent, et ces branches meurent sans que l'on puisse découvrir, à l'extérieur ni à l'intérieur, aucune lésion. Il arrive aussi que, sans qu'il se manifeste aucune maladie dans l'arbre, les pistaches sèchent avant la maturité et tombent; ces maladies ne se montrent pas toutes les années et n'attaquent pas tous les arbres ; elles diminuent la récolte, mais ne l'enlèvent pas.

La chute des pistaches peut avoir pour cause le manque de fécondation ; le pistachier est dioïque, c'est à dire que les fleurs mâles sont placées sur un individu, les fleurs femelles sont placées sur un autre, d'où il résulte qu'un grand nombre de circonstances peuvent empêcher le *pollen* des étamines d'arriver sur les *pistils* ; dans ce cas, les germes pas bien fécondés donnent des fruits qui ne peuvent venir à bien et tombent ; il est donc important de planter les pistaches de telle sorte que plusieurs individus mâles se trouvent placés au centre des arbres femelles, ou que les arbres femelles soient placés de manière que le vent régnant à la floraison porte des arbres mâles sur les arbres femelles le *pollen* fécondant ; on peut employer des moyens artificiels pour féconder les pistachiers femelles qui sont très éloignés des mâles : on cueille les fleurs de ceux-ci au moment où elles sont ouvertes et on les suspend à quelques branches du pistachier femelle. On peut encore enfermer les fleurs mâles dans un sac pour les faire sécher, et en répandre ensuite le poussier sur les individus femelles encore en fleurs. Ce procédé est employé en Sicile ; on sait que le *pollen* du dattier est propre à féconder les germes longtemps après avoir été recueilli; on dit même qu'on peut le garder plusieurs années sans qu'il cesse d'avoir cette propriété; voilà des expériences à essayer sur le pollen du pistachier.

On dit qu'il existe sur le feuillage des pistachiers des différences qui permettent de distinguer les mâles d'avec les femelles. M. Meynier m'a assuré qu'il n'avait jamais pu trouver ces différences; j'ai vu plus d'un connaisseur dans ce genre qui tantôt ont dit vrai, d'autres fois se sont trompés; voici cependant ce que l'on trouve dans le dictionnaire de l'abbé Rogier, au mot pistachier, feuilles : celles de l'arbre à fleurs mâles sont plus petites que celles de l'arbre à fleurs femelles, un peu plus longues, moussées et souvent partagées en 3 lobes d'un vert foncé, tandis que celles de l'arbre femelle sont plus souvent partagées en cinq lobes; quant aux fleurs, on ne peut se tromper, les mâles sont disposées en chaton, composées d'écailles uniformes; leur calice est très-petit à cinq divisions, les étamines sont au nombre de cinq. Les fleurs femelles sont en grappe lâche, leur calice est petit à trois divisions; l'ovaire porte trois styles, le pollen, qui est en extrême quantité, se répand dans l'air pendant longtemps et ressemble plus à une vapeur qu'à une poussière.

Ici, comme pour tous les végétaux dioïques, la certitude de la fécondation repose sur une admirable prodigalité de la matière fécondante; mais la nature prodigue ne s'appauvrit jamais.

Si la distinction du pistachier mâle d'avec le pistachier femelle par la différence du feuillage est encore incertaine, il n'en est pas ainsi pour les pistaches mâles ou les pistaches qui doivent produire un arbre mâle. La pistache mâle présente un caractère que M. Meynier a souvent mis à l'épreuve et qui n'a jamais failli; les pistaches qui doivent produire un arbre mâle portent sur le côté un renflement très-visible, on dirait un testicule. Ces pistashes mâles s'accordent parfaitement avec la rareté des arbres mâles provenant de semis et sont en harmonie avec ce que l'expérience bien connue démontre qu'un pistachier mâle suffit pour féconder un nombre illimité de pistachiers femelles, pourvu qu'ils soient suffisamment dans le voisinage du mâle. Si le courant d'air porte directement du mâle vers la femelle, une distance de dix lieues et davantage n'est plus un obstacle à la fécondation.

Les pistachiers peuvent vivre longtemps, on en trouve de très vieux dans les environs de Marseille, dans des sites différents, à Ste-Marthe, aux Aygalades, à St-Barnabé, à Montredon et ailleurs. Celui que l'on voit dans la propriété de E. Rey, à Notre-Dame, est certainement bien plus que centenaire ; son tronc a, terme moyen, trois mètres de circonférence, il est creusé par le temps et maintenu par des cercles en fer, ses grosses branches sont resserrées par des tirants de même métal. Cet arbre, qui a été couronné, est aujourd'hui sur bois neuf et il fructifie toutes les années : on nous a dit qu'il portait des fleurs mâles et des fleurs femelles ; aurait-il été greffé dans sa jeunesse, ou cette faculté serait-elle un effet du grand âge ? Comme on peut le déduire de ce passage de Miller : « Quelques-uns de ces arbres, les pistachiers, produisent des fleurs mâles et d'autres des fleurs femelles, et quelquefois, quand ils sont vieux. ils portent les fleurs mâles et les fleurs femelles sur le même pied. » Ce pistachier a donné des récoltes considérables ; dans une année très-malheureuse pour le commerce, il produisit quatre quintaux de pistaches et, comme il ne pouvait en arriver alors à Marseille, M. Meynier les acheta au prix énorme de six francs la livre et compta bien au vendeur la somme de 2,400 francs. Ce prix excessif de ces pistaches n'est qu'une chose toute exceptionnelle, résultat des pénibles circonstances de l'époque ; mais une récolte de quatre cents livres de pistaches donnée par un arbre déjà fort vieux est un fait très-remarquable.

Arrivons enfin aux résultats des soins si persévérants de M. Meynier; il compte aujourd'hui sur sa propriété de St-Louis quatre cents pistachiers greffés ou non greffés, dont les plus âgés ont de quinze à dix-huit ans; sur ce nombre, moins de la moitié sont seulement en rapport. Chaque année quelques-uns entrent en produit et les autres augmentent leur récolte. En 1852, il ont donné quatre cents kilog. de pistaches qui ont été vendues 800 francs ou deux francs le kilog., prix courant. Quand tous les pistachiers de M. Meynier seront en bon âge de rapport, la valeur de leur produit surpassera celle des autres plantations de sa vaste propriété, sans exiger des frais de culture, d'engrais ou de taille.

Voilà du positif, voilà des faits, je les livre à l'examen et aux réflexions des jeunes cultivateurs qui entrent dans la carrière... Aux anciens cultivateurs qui, tout en concevant que l'exemple que je leur propose est bon et beau, m'objecteront qu'ils n'ont pas à vivre autant qu'un patriarche, je leur rapellerai ce que Lafontaine fait dire au bon vieillard de sa fable :

> Mes arrière-neveux me devront cet ombrage !...
> Eh bien ! défendez-vous au sage
> De se donner des soins pour le plaisir d'autrui ?
> Cela même est un fait que je goûte aujourd'hui ;
> J'en puis jouir demain et quelques jours encore :
>
> (LE VIEILLARD ET LES TROIS JEUNES HOMMES).

SAIZE,

Directeur du Jardin botanique de Marseille.

M. Saize dit dans le précédent rapport que le pistachier est un arbre très rustique, qui ne demande aucune culture, point d'engrais, point de taille; une fois cet arbre bien planté, on n'a plus besoin de s'en occuper, il ne demande plus aucun soin. Il dit ensuite que dans les plantations de pistachiers en bon âge de rapport, la valeur du produit surpasse celle des autres plantations sans exiger des frais de culture, d'engrais ou de taille.

Sur cette question-là, je ne suis pas du tout de son avis. Tous les arbres, il est vrai, peuvent vivre sans culture, sans fumier et sans taille ; mais il y a plusieurs manières de vivre, grassement ou misérablement ; quand on est toujours malade, ce n'est pas vivre, ce n'est plus que vivoter péniblement faute d'aliments suffisants.

Le pistachier, quoique naturellement rustique, abandonné totalement à lui-même, ne peut avoir qu'une position fâcheuse, pénible et malheureuse ; la terre, comme nous l'avons dit ailleurs, ne fournit à la plante que ce qu'elle reçoit ; elle ne lui sert dans ces moments de crise que de point d'appui ; quand elle ne reçoit aucune culture, durcie par un trépignement constant, desséchée pendant les chaleurs de la canicule, épuisée constamment par les herbes parasites qui la dévorent, elle se trouve incapable d'être pénétrée par les agents les plus actifs de la végétation ; elle ne les reçoit que superficiellement et les racines du sujet s'en trouvent constamment privées. Convenons donc que ce manque d'égards ne peut être que nuisible à la prospérité de la plante et à sa fructification.

Généralement les arbres dépérissent lorsqu'ils sont négligés et privés sans cesse des soins qu'ils réclament annuellement. Il est tout naturel qu'un arbre entretenu convenablement doit nécessairement être plus vigoureux et plus productif que celui qui est privé à la fois de tous secours, et les pistachiers comme les autres se ressentiraient de ces soins.

La taille n'est pas moins nécessaire au pistachier que les cultures et les fumures ; cet arbre, comme l'amandier, ne fructifie qu'une seule fois au même endroit et les vieilles branches fruitières sont vite épuisées ; il est donc urgent de les supprimer, de les renouveler et d'opérer une taille, surtout à la suite d'une abondante récolte pour obtenir leur remplacement par de nouvelles et vigoureuses pousses fruitières dans toutes les parties de l'arbre qui vous promettent une nouvelle et abondante récolte; enfin, pour obtenir cet arbre sain et vigoureux et des récoltes plus lucratives que quand il est abandonné à ses seules ressources, il convient de le diriger de la même manière démontrée précédemment pour l'amandier commun.

Du Noyer.

Nous trouvons dans le grand catalogue de **MM.** Jaquemet Bonnafont père et fils, pépiniéristes à Lyon, place Bellecour, 22, les variétés de noyers que nous reproduiduisons ci-dessous :

1.	Noyer commun,	Juglans régia.
2.	— à gros fruit, ou noix de gant,	J. R. macrocarpe.
3.	— à fruit tardif,	J. R. Scrotina.
4.	— à fruit très tardif, dit de la Saint-Jean,	
5.	— à caque tendre, dit noix de mésange,	
6.	— précoce,	J. præportariens.

(nouvelle espèce fructifiant à l'âge de deux ans).

7. — comte de Montrun.

(Nous ne l'avons pas encore vu fructifier ; il est annoncé comme une nouveauté intéressante).

Le numéro 1 et ses variétés 2, 3, 4, 5, 6 sont cultivés en Europe pour leurs fruits, dont l'amande est bonne à manger et dont on extrait de l'huile ; pour les contrées où cet arbre est exposé aux gelées du printemps nous recommandons le numéro 5 qui entre en végétation quinze jours au moins plus tard que les autres. Le numéro 4, qui ne commence à pousser que vers la fin de mai, est trop tardif; le numéro 6 ne s'élève pas au-dessus de cinq à six mètres, il fructifie beaucoup et très-promptement, souvent la première année de sa plantation; il ne diffère d'ailleurs du noyer commun ni par ses feuilles ni par ses fruits.

Malgré que tout le monde connaisse l'utilité du noyer et tous les avantages qu'il nous procure par son bois et par son fruit, nous croyons utile de faire ici l'analyse de cet arbre précieux.

Le noyer, quoique peu difficile sur le choix du terrain, vient parfaitement dans les terres profondes, substantielles et fraîches; il aime aussi le grand air, les plaines et la rase campagne; lorsqu'il jouit de ces facultés et qu'il est soigné convenablement, il croît rapidement et prend par la suite des dimensions gigantesques. On le voit néanmoins quelquefois très-bien prospère dans les terres stériles, rocailleuses, crayeuses, et même dans les montagnes de second ordre; il est fâcheux que cet arbre, qui conviendrait si bien à l'ornement de nos grandes routes et de nos promenades publiques et particulières pour sa grande dimension et l'ombrage touffu de son feuillage verdoyant, ne puisse pas être employé à cette destination à cause de son fruit, qui serait la proie des passants et des maraudeurs.

Le noyer se trouve du nombre des arbres privilégiés par la nature; il est à peu près constitué comme le platane; il ne redoute aucune amputation sérieuse; nous en avons vu ravaler jusque près de la couronne dans l'intention de les greffer sur les nouvelles pousses dont le diamètre du tronc dépassait 0^m30 sans que leur constitution en fût le moins du monde altérée, car après cette cruelle opération, ils repoussèrent de nouveaux bois sur toutes les branches amputées avec véhémence, les plaies se cicatrisèrent progressivement et parfaitement, et obtinrent en peu d'années le bois qu'on leur avait supprimé.

Cet arbre avec sa forte constitution vit des siècles ; il enfonce directement son pivot sous le sol et toujours en descendant et se fixe si fortement à la terre que malgré sa grande dimension, il résiste toujours aux violentes et impétueuses secousses des vents, et aux froids les plus rigoureux, et est respecté par les insectes.

Cet arbre renferme avec lui de grandes qualités et sa culture mérite attention, à cause de sa grande utilité ; planté en verger, en allées, ou disséminé çà et là dans les terres fortes, profondes, fertiles et fraiches, comme dans celles qui sont plus légères, sablonneuses, pierreuses, ou dans les vallons montagneux, on utilise toujours avec avantage son fruit et son bois ; on extrait de son fruit une huile qui est employée dans la peinture et pour l'éclairage; et les noix de bonne qualité sont en grande partie consommées comme provisions de ménage; quant à son bois, la composition et la nature du terrain dans lequel l'arbre se trouve planté améliore ou diminue sa qualité, et le rend plus ou moins dur, plus ou moins rude, et plus ou moins foncé et nuancé.

Le noyer commun, à petite noix et à coque dure, doit être planté dans les terrains sablonneux, pierreux, rocailleux et les endroits montagneux ; mais le noyer tardif, à coque fine et tendre, dont le fruit est destiné à être mangé à la main, doit être planté dans les terrains profonds, substantiels, dans les plaines et en rase campagne. Le premier ou le noyer commun, à cause de sa position moins avantageuse, croît plus lentement ; ce manque de célérité dans sa végétation rend son bois dur, plus compact et plus nuancé que celui du second, attendu que les substances aqueuses et les sucs charriés par les pluies à travers les terres, le sable, les pierrailles, sont absorbés par les suçoirs et les fibres spongieuses des racines toujours en fonction, mais plus particulièrement pendant la végétation du sujet ; cette injonction constante s'opère naturellement, et ces fluides ou éléments nourriciers, propres à la nutrition de la plante, que les eaux et les terres lui fournissent, circulent dans toutes les parties de l'arbre, nuancent et colorent son bois d'une infinité de couleurs différentes ; le calot et les racines de l'arbre qui ne voient jamais le soleil, se trouvent plus particulièrement colorés ; les grosses branches et le tronc se trouvent aussi parfaitement nuancés et colorés, mais avec un peu moins d'expressions ; cela n'ôte rien à son mérite et à son utilité.

Le bois de ces arbres, ainsi nuancé et coloré, est très convenable et très précieux à l'ébénisterie qui sait l'utiliser à propos. Elle en extrait des panneaux et des placages pour des meubles qui, une fois vernis par une main habile, font l'ornement des appartements somptueux.

Le second, à fruit long et à coque fine et tendre, planté dans les plaines et dans les terrains substantiels, croit et prospère plus promptement que le premier et obtient sous peu d'années des dimensions extraordinaires ; son bois, quoique moins coloré, plus blanchâtre, plus doux que celui du premier, possède aussi des qualités ; il est d'une grande utilité pour la menuiserie. Il se prête facilement à toutes les volontés de l'ouvrier, qui le façonne à sa guise et lui donne toutes les formes possibles ; il est aussi très utile aux tourneurs, aux armuriers, aux sculpteurs et est employé à une grande quantité d'autres ouvrages précieux qui ne manquent pas de mérite et d'utilité.

Reproduction du Noyer.

Cette opération s'effectue chez le noyer, comme chez la généralité des arbres à noyaux, par la voie des semis, soit en place, soit en pépinière comme les amandiers.

Par le premier moyen, on économise l'achat des plants; mais l'arbre est très long à venir et entraîne avec lui de grandes chances d'insuccès; ces jeunes rejetons exposés ainsi en plein champ à tout hasard, peuvent être détruits à tout instant; donc ce moyen n'est guère pratique.

Le deuxième moyen est préférable et plus avantageux, et l'on peut toujours se procurer facilement chez un pépiniériste connu de beaux sujets élevés avec soin dans les pépinières et ayant la grosseur et la hauteur voulues.

Le noyer prenant par la suite de grandes proportions, quand il est placé dans un bon terrain, doit être planté en allée à une distance de quinze à vingt mètres. Nous renvoyons pour sa plantation à celle des grands arbres.

Quand le noyer est d'une bonne espèce, qu'il est bien placé et qu'il reçoit les soins nécessaires, il est très productif et très rendable; pour venir à l'appui de cette assertion, nous croyons utile de citer ce qui suit :

Nous possédons en ce moment derrière les murs d'une maison de campagne, tout près de la ville, deux superbes noyers à côté l'un de l'autre et ayant acquis leur dernière dimension; placés dans un bon terrain et à une distance convenable, ils ont pris un grand développement; ils produisent, sans cas fortuits, vingt-quatre doubles décalitres de noix, et l'année suivante seulement dix, parce que cette année-là ils ne sont pas en récolte; pour deux ans, trente-quatre doubles décalitres vendus facilement, à

cause de leur bonne qualité, quatre francs le double dé-
calitre, ce qui fait une somme de 136 francs, soit 68 francs
par an, dans un terrain qui ne produirait rien autre, se
trouvant constamment à l'ombre ; si ces arbres étaient
mieux placés en plein vent et en plein soleil, ils rapporte-
raient sans nul doute bien davantage.

Il est donc positif que le noyer, quand il est bien placé
et qu'il reçoit les soins de culture et de taille qui lui sont
nécessaires, prospère comme la généralité des autres
arbres, grandit promptement et produit d'abondantes récoltes ; mais, pour cela, il faut planter de bonnes espèces,
et quand on en a qui ne produisent que de mauvais fruits,
il faut ravaler sur les grosses branches et greffer sur les
nouvelles pousses, comme nous allons l'expliquer :

De la Greffe.

Bien que cette opération pour le noyer soit la même
que celle que l'on pratique aux autres arbres, c'est-à-dire
aussi facile dans son exécution, il n'est pas moins vrai que
dans bien des localités elle était considérée comme un
mystère par beaucoup d'agriculteurs.

Cette opération de la greffe chez le noyer ne consiste
qu'à la mettre en pratique en temps opportun, comme 'on
fait aux autres arbres ; on peut les greffer en fente dans
le courant de mars au moment où la sève monte, soit
sur le tronc, s'il est petit, ou mieux sur les branches
quand il est fort ; mais la grosseur du bois sur lequel on
greffe en fente, ne doit jamais dépasser 0ᵐ08 de diamètre,
afin que les plaies restent moins ouvertes, moins exposées
aux intempéries des saisons, et se cicatrisent plus facilement ; soit enfin à écusson, à œil poussant comme celle

de l'amandier sur les pousses nouvelles pendant le mois de juin, époque où les écorces se dépouillent et se séparent parfaitement du bois; au reste, c'est la même méthode que l'on emploie pour les figuiers, le pêcher et pour une quantité d'autres arbres ; quand on néglige cette opération de régénération, on s'expose à cultiver pendant des siècles, et de génération en génération, des arbres qui ne produisent que bien peu de fruits et de mauvaise qualité.

Taille du Noyer.

Pendant les premières années de plantation, l'agriculteur ne doit viser, par ses soins, qu'au développement progressif de l'arbre et à son organisation d'après nos principes, attendu que plus l'arbre est susceptible de prendre un grand développement, plus son organisation, d'après nos principes, est indispensable à sa prospérité ; au reste, tant pour la taille d'organisation que pour la taille de production, nous renvoyons à celles de l'amandier ; mais comme le noyer prend des proportions plus grandes que l'amandier, son ouverture intérieure doit être en rapport avec la hauteur de ses branches charpentières, comme il est expliqué à la taille des grands arbres.

Du Châtaignier.

On connaît aujourd'hui de vingt à vingt-cinq variétés de châtaigniers propres aux plantations de ce genre, mais comme ces variétés ne sont pas toutes recommandables au même degré, nous n'en désignerons que quelques-unes des meilleures, que l'on trouve facilement chez les pépiniéristes de premier ordre.

1. Grosse de Saint-Pierre ville, belle, bonne et fertile.
2. Cambole, belle espèce fertile et bonne qualité.
3. Belline rousse, bonne qualité et productive.
4. Grosse Bertrand, hâtive grosse, très fertile.
5. De Bacon, grosse, bien bonne et fertile.
6. Serrette, moyenne grosseur et bonne qualité.
7. Ventouse, moyenne grosseur et très hâtive.
8. Latu ; cet arbre est ordinairement très vigoureux et fournit de très beaux bois à la charpenterie ; son fruit, de moyenne grosseur, est de bonne qualité, mais peu productif.
9. Bouche de claie, grosse, belle et bonne qualité.
10. Marron, arbre vigoureux peu productif, mais la qualité de son fruit est supérieure à celle de toutes les autres variétés.

Ainsi le châtaignier est un arbre très précieux qui ne manque pas de mérite sous plusieurs rapports ; comme le noyer, il est susceptible de prendre un grand développement; malheureusement sa culture n'est pas généralement ni assez appréciée, ni assez répandue ; elle n'est pas du tout en rapport soit avec l'utilité et l'excellence de son fruit, soit avec l'utilité et l'excellence de son bois, soit enfin avec la beauté, l'agrément et l'utilité que procure son épais feuillage auquel les insectes ne touchent jamais.

Cet arbre se multiplie avec facilité ; il réussit dans les lieux les plus arides, les plus inutiles; on le voit prospérer parfaitement et même prendre un accroissement rapide, principalement dans les terrains granitiques, calcaires, pierreux, schisteux, marneux, crayeux, sablonneux, dans les endroits monteux, rocailleux, dans les coteaux, à l'exposition du nord et de l'ouest ; cependant nous observerons que sa culture est assez répandue dans les départements du Cher, de la Dordogne, de la Haute-Loire, de la Haute-Vienne, de l'Ardèche, etc., etc. On le voit, dans le Limousin, prospérer dans de très mauvaises terres qui ne peuvent que difficilement produire du seigle, des lentilles et du blé noir ou sarrasin, et le fruit qu'on récolte annuellement fait la principale richesse de cette province.

Il réussit aussi parfaitement dans le vivarais, où l'on voit des arbres d'une extrême beauté, entourés de rochers, ayant un tronc de plus d'un mètre de diamètre; le fruit de ces arbres vigoureux est pour cette province une grande ressource, principalement pour les habitants des campagnes; c'est ordinairement de ces départements que l'on tire ces beaux marrons connus sous le nom de marrons de Lyon dont on fait un grand commerce.

Le bois de cet arbre n'est pas moins précieux que son fruit; il a la vertu de se conserver parfaitement pendant des siècles; aussi il est recherché pour les grandes constructions, principalement pour les charpentes des édifices; il est également très propice et très recherché pour fabriquer des échalas, des cercles, des cerceaux et des douves dont les tonneliers font une grande consommation.

Quant à son épais feuillage, il est très propre et très propice pour servir de litière aux bestiaux; pourri par leurs urines et leurs excréments, il produit un très bon fumier.

Relativement à la plantation du châtaignier, à sa direction, à sa taille d'organisation et de production et à sa formation, on se rapportera à ce que nous avons dit et démontré pour l'amandier et le noyer.

VOCABULAIRE

PAR ORDRE ALPHABÉTIQUE

DES

TERMES RELATIFS A LA TAILLE ET DES ORGANES QUI
CONSTITUENT L'ARBRE

AUBIER est la partie la plus extérieure et la plus jeune du bois. Chaque année, il s'en forme une nouvelle couche, et à mesure que l'arbre vieillit, l'aubier devient bois.

BIFURCATION, branche qui se divise en deux ; quand on taille un bourgeon sur deux yeux, le développement de ces deux yeux forme toujours une bifurcation ou enfourchure.

BOIS. On remarque dans le bois l'aubier et le bois parfait ; ce dernier est le plus rapproché du centre de la tige.

BOURGEON est un œil à bois développé ; il prend plus ou moins d'extension pendant la végétation, suivant la vigueur plus ou moins avantageuse de l'arbre ; il se garnit alors de nouveaux yeux accompagnés de feuilles, et devient branche après qu'il a subi l'opération de la taille et qu'il s'est ramifié.

BRANCHES MÈRES ou principales ou charpentières. Ces branches forment toujours le premier ordre ; elles prennent naissance au sommet de la tige, et l'on constitue avec elles la charpente de l'arbre.

BRANCHES SECONDAIRES. Ces branches constituent toujours le deuxième ordre ; elles prennent naissance sur les branches mères et forment des étages latéraux sur toute leur longueur.

Branches tertiaires. Ces branches forment le troisième ordre; elles ont leurs insertions sur les branches secondaires ou de deuxième ordre.

Branches a bois. Les branches à bois sont celles qui forment complétement la charpente et les étages latéraux de l'arbre.

Canal médulaire. Il se trouve au centre de la tige et contient la moelle; celle-ci est plus volumineuse dans les parties jeunes de l'arbre et entièrement formées de tissus cellulaires.

Cambium. Sorte de sève épaisse qui descend des feuilles à travers les couches du liber jusqu'à l'extrémité des racines et forme tous les ans une nouvelle couche d'aubier et une nouvelle couche de liber.

Charpente. Réunion régularisée des branches à bois d'un arbre; elle varie de forme, et cette variation est à la disposition de l'opérateur.

Chevelus ou radicelles, filets déliés prenant naissance sur les racines ramifiées; ils sont considérés comme la partie la plus essentielle de la racine.

Collet. Point intermédiaire d'où partent les racines pour s'enfoncer dans le sein de la terre et d'où s'élève la tige de l'arbre.

Couronne. Tête formée au sommet de la tige de l'arbre, d'où partent les branches charpentières.

Drageon est le nom que l'on donne aux pousses que certaines racines produisent près de la plante mère.

Ebourgeonnement. Suppression des bourgeons superflus et inutiles à la formation de l'arbre : cette opération doit avoir lieu plus tard sur les arbres faibles et plus tôt sur les arbres vigoureux.

Empatement. Volume qui se trouve à l'insertion ou à la base d'une branche ou d'un bourgeon.

Epiderme est la partie la plus extérieure qui recouvre toutes les parties du végétal.

Éventer se dit d'une coupure faite trop près de l'œil :

celui-ci, affaibli par cette mauvaise taille, ne donne qu'une pousse sans vigueur.

Faux bourgeons ou bourgeons anticipés qui naissent ordinairement à l'extrémité des bourgeons vigoureux.

Feuille. Les feuilles naissent sur toutes les parties jeunes des branches de l'arbre ; elles sont ordinairement verdâtres et conservent cette couleur jusqu'à l'époque de leur chute ; elles se forment au début de la végétation et font l'ornement et la prospérité du végétal ; elles sont composées de deux parties principales, la queue nommée pétiole et le disque ou lame ; le pétiole est formé de vaisseaux très serrés qui se séparent à son extrémité supérieure, se ramifient à l'infini dans le disque et donnent naissance aux différentes nervures de la feuille. Le disque est la portion plane ; elle se compose de tissus cellulaires formant la partie tendre et spongieuse de la feuille, et le tout est recouvert de chaque côté d'une membrane ou épiderme ; mais, sur la face inférieure seulement tournée vers la terre, se trouve une multitude étonnante de pores nommés stomates, toujours en rapport avec l'atmosphère, et c'est par le moyen de ces pores que les feuilles puisent dans l'air les fluides propres à la nutrition du végétal et qu'elles exhalent ceux qui lui sont inutiles ; elles servent aussi à la conservation des boutons qui doivent pousser l'année suivante et qui se trouvent à l'insertion de leur pétiole ou pédicule.

Gourmand. Bourgeon qui prend pendant la végétation une dimension extraordinaire, absorbant une quantité de sève considérable au préjudice de ceux qui l'avoisinent.

Greffe. Opération par laquelle on applique sur un végétal une portion prise sur un autre de différente espèce, pour qu'elle s'y unisse et y croisse.

Habillage des racines. Cette opération doit toujours s'effectuer avant la plantation de l'arbre ; elle consiste dans le retranchement de toutes les racines qui ont été mutilées, meurtries ou éclatées, lors de l'arrachage de l'arbre ; celles restées intactes doivent être conservées avec soin de toute leur longueur.

Insertion. Point où un bourgeon prend naissance.

Liber. C'est la partie la plus intérieure de l'écorce, celle qui recouvre l'aubier. Le liber est formé d'un grand nombre de couches intimement unies, minces et flexibles.

MÉRITALE ou entre-nœud ; nom que l'on donne à l'espace compris entre deux yeux sur un bourgeon.

ŒIL A BOIS. C'est un petit corps ordinairement pointu qui se trouve sur toutes les parties des rameaux de l'arbre, toujours placé à l'aisselle d'une feuille, et c'est de lui que sortent les feuilles et les bourgeons.

ŒIL DE POUSSE. C'est celui qui est placé au sommet d'un bourgeon et qui le termine soit après la taille, soit naturellement, et qui doit servir à son prolongement.

ŒIL DE TAILLE COMBINÉE est celui que l'on réserve pour la formation d'une branche soit verticale, soit horizontale.

ŒIL LATENT. Œil simple, peu apparent, ne se trouvant que sur le vieux bois ; il reste souvent inactif pendant quelques années et se développe à la suite d'une taille courte.

ŒIL ADVENTICE. Placé aussi sur le vieux bois, près des coudes, mais invisible, il apparaît inopinément ou à la suite d'une taille courte.

ŒIL STIPULAIRE ou sous-yeux, de petite apparence ; placés un de chaque côté d'un œil principal, ils ne se déloppent ordinairement qu'à la suite d'un accident arrivé à ce dernier.

ONGLET. C'est la partie qui reste après la taille entre l'œil et l'aire de la coupe, quand cette dernière est faite trop loin de l'œil ; alors le bois se desséchant, forme un onglet sec qui nuit au développement du bourgeon et à la cicatrisation de la plaie.

PÉTIOLE. Pédicule ou queue, partie qui réunit la feuille au bourgeon et le fruit à la branche.

PINCEMENT. Cette opération consiste à supprimer avec les ongles des doigts la partie supérieure et herbacée d'un bourgeon ; elle se pratique à tous les moments de la végétation, pour amortir son développement trop fougueux.

PIVOT. Corps principal de la racine ; il apparaît le premier lorsque les racines commencent à se former, s'enfonce verticalement sous le sol, et pousse d'autres racines qui fixent l'arbre en terre et le nourrissent ; il arrive parfois, dans quelques essences, qu'après s'être développé, il se **transforme en** racine secondaire.

RACINE. C'est la partie de l'arbre qui s'enfonce vers le centre de la terre ; elle se divise en une infinité de racines qui, en se ramifiant, fixent l'arbre au sol et le nourrissent en partie.

RADICULE. Extrémité des racines d'un arbre.

RAMEAU est le produit d'un bourgeon ramifié.

RAVALEMENT. On supprime toutes les branches d'un arbre jusque sur leur empatement, afin d'obtenir de nouveaux bois propices à la formation d'une nouvelle et plus régulière charpente.

RECEPAGE. Il consiste à couper la tige d'un arbre jeune, afin d'obtenir de nouvelles branches pour reconstituer une nouvelle charpente aux arbres mal constitués.

SÈVE. Suc limpide incolore et inodore, plus ou moins fade, contenant des matières propres à la nutrition des arbres ; il est puisé dans la terre par les radicules des racines chevelues et absorbé par les feuilles dans l'atmosphère.

SÈVE ASCENDANTE. Sève absorbée par les spongioles et montant par les couches les plus extérieures de l'aubier avec plus ou moins de rapidité ; la température plus ou moins élevée règle le mouvement de son ascension, et elle arrive ainsi jusque dans les nervures et les cellules des feuilles.

SÈVE DESCENDANTE. La sève, parvenue dans les feuilles, y subit une grande modification : elle s'y débarrasse par l'évaporation de l'eau surabondante, s'épaissit, prend des propriétés nouvelles, et redescend des feuilles à l'extrémité des radicelles, en passant par les plus jeunes couches du liber; ainsi modifiée et perfectionnée, elle constitue le cambium indispensable à la nutrition et à l'accroissement de l'arbre.

SPONGIOLES. Organes placés à l'extrémité de tous les chevelus ou radicelles, qui seuls absorbent, sous le sol, les fluides propres à nourrir le végétal.

TAILLE D'HIVER. On l'appelle ainsi, parce qu'elle se pratique après les grands froids de l'hiver et avant que l'arbre entre en végétation.

Taille en vert ou estivale. Cette taille, indispensable à l'organisation régulière de l'arbre, a lieu pendant tout le cours de la végétation.

Talon. Base d'une branche ou d'un bourgeon ; on dit aussi couronne.

Tige est la partie de l'arbre qui sort de terre, et pousse à son sommet des branches qui servent de support aux rameaux, aux feuilles et aux fruits.

ERRATUM

Par suite d'une erreur de pagination, la page 17 revient une seconde fois après la page 20 ; — mais cela ne cause aucune interruption dans l'ordre de l'ouvrage.

TABLE

Paris — Typogr. Alcan-Lévy, boul. de Clichy, 62

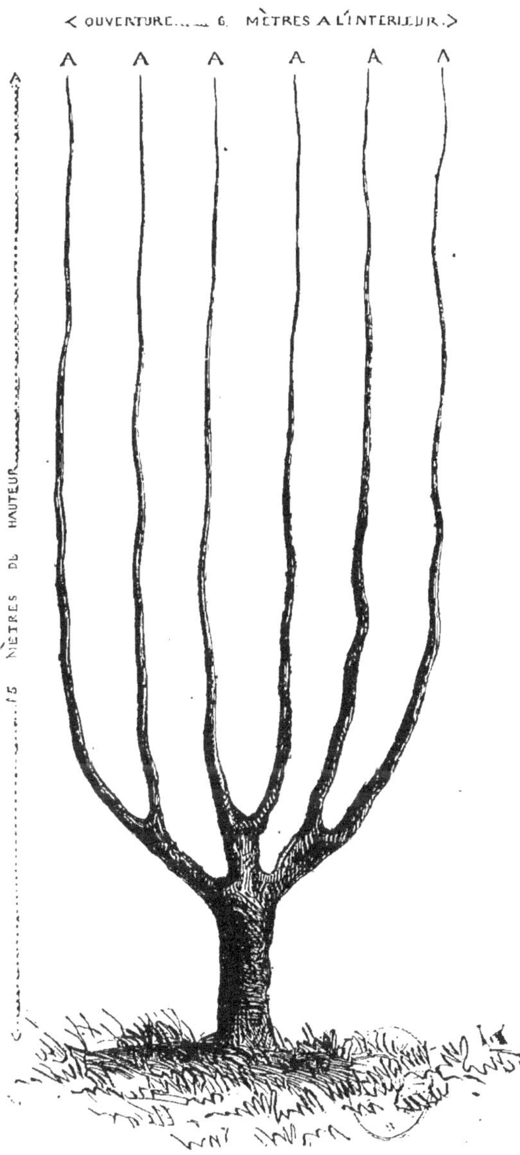

FIGURE 1. PLANCHE 1
< OUVERTURE....... 6. MÈTRES A L'INTÉRIEUR.>
15 MÈTRES DE HAUTEUR

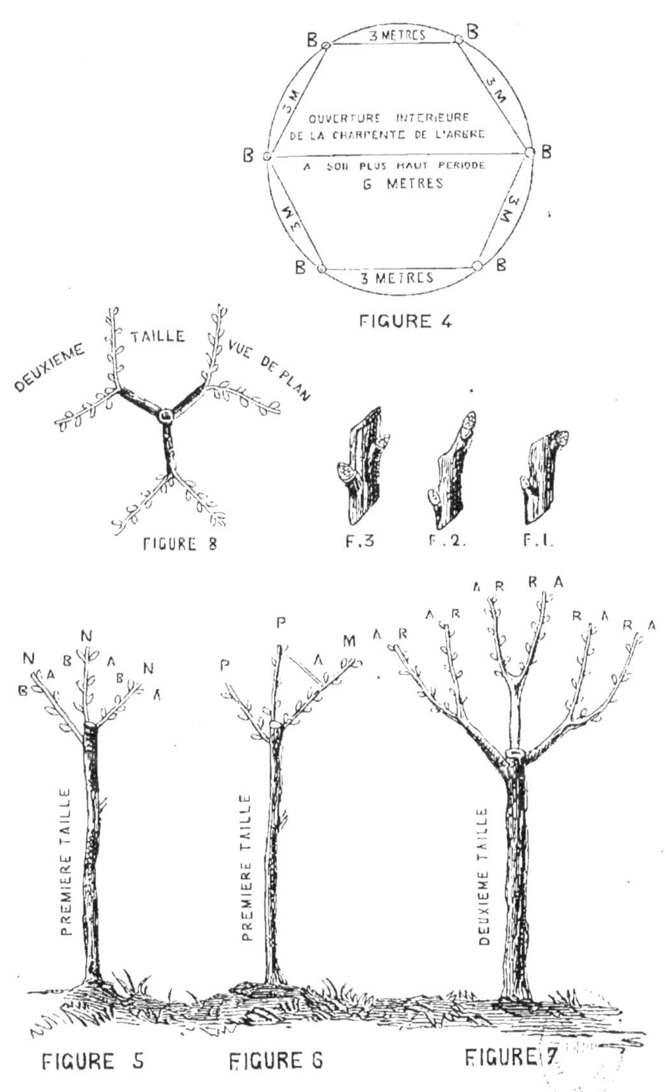

FIGURE 4

FIGURE 8

F.3   F.2.   F.1.

FIGURE 5   FIGURE 6   FIGURE 7

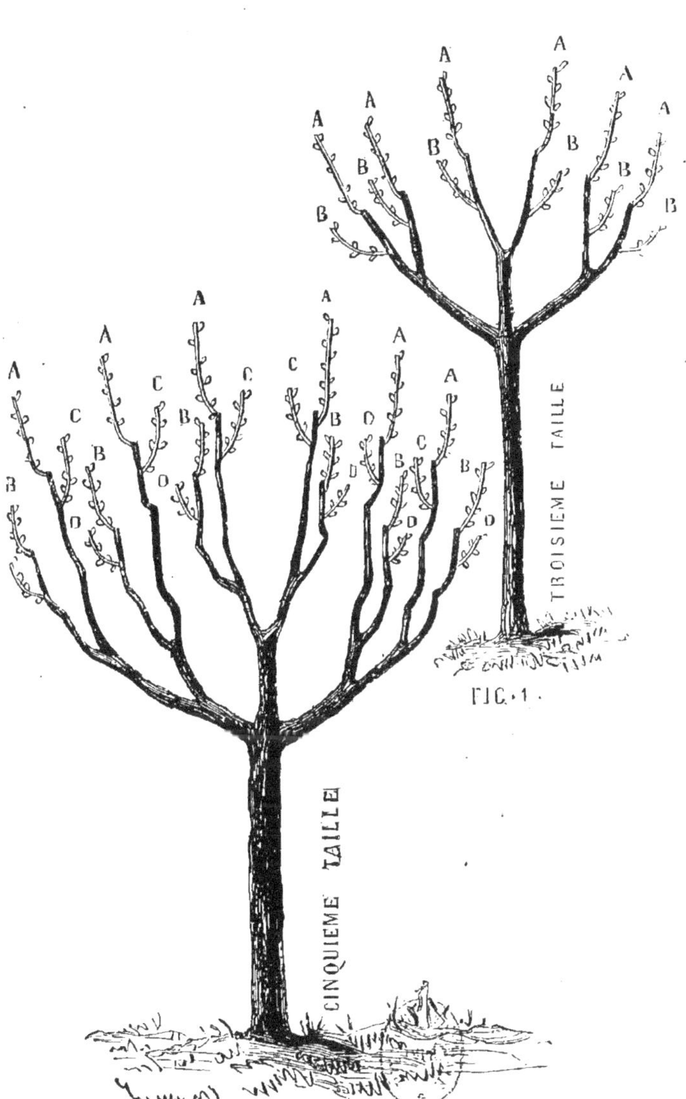
TROISIEME TAILLE
FIG · 1 ·
CINQUIEME TAILLE
FIG · 2 ·
A
B
C
D

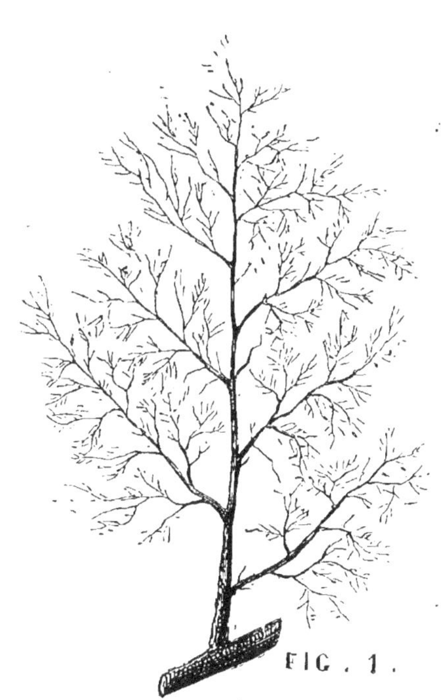

FIG . 1 .

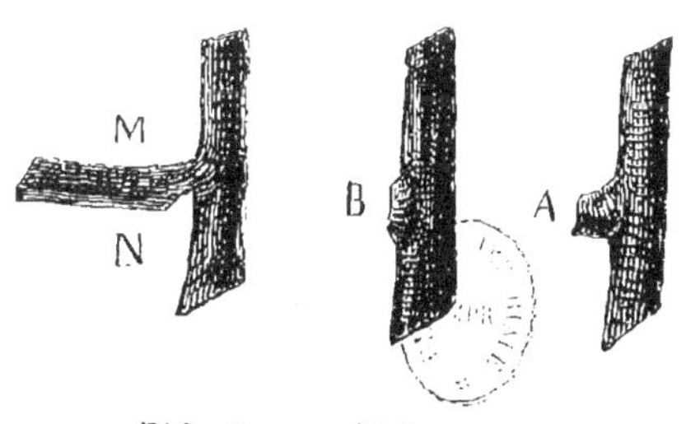

FIG. 2 .   FIG . 3 .   FIG . 4

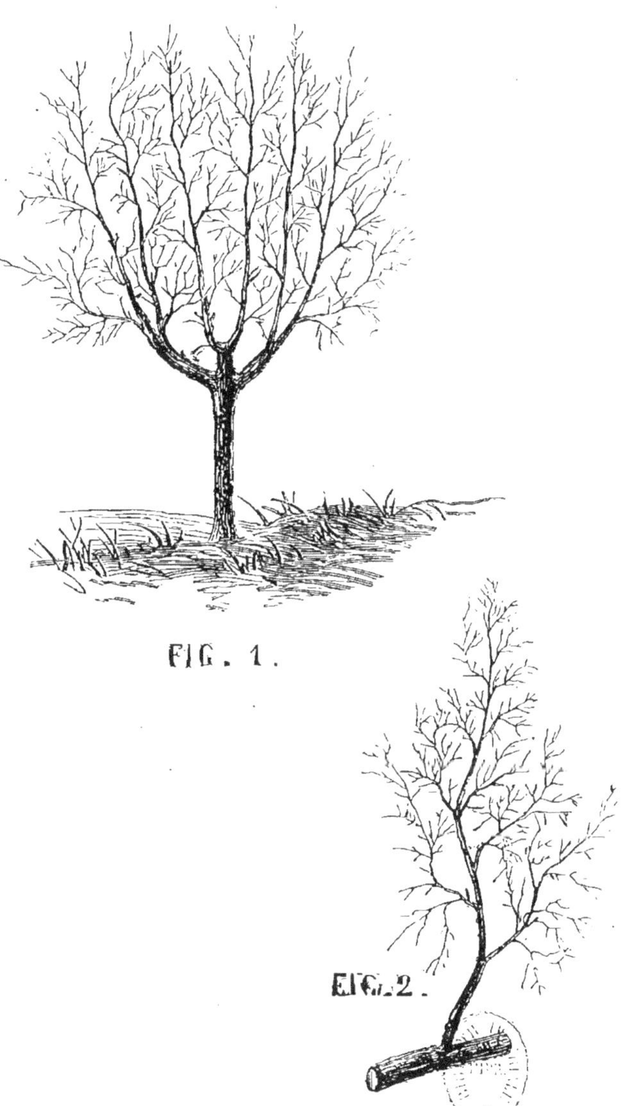

FIG. 1.

FIG. 2.

PARIS.—TYP. ALCAN-LÉVY, BOUL. DE CLICHY, 62.